FORSCHUNGSBERICHTE DES LANDES NORDRHEIN-WESTFALEN

Nr. 1798

Herausgegeben

im Auftrage des Ministerpräsidenten Heinz Kühn

von Staatssekretär Professor Dr. h. c. Dr. E. h. Leo Brandt

DK 621.78:539.5:669.15"26"-194

Direktor Dipl.-Ing. Hans Stüdemann
Dipl.-Ing. Hans Brundiek

Forschungsinstitut für Schneidwaren, Solingen

Vergleich von Härten, Anlassen, Warmbadhärten und Unterkühlen in ihrem Einfluß auf die technologischen Eigenschaften des Stahles X 40 Cr 13

WESTDEUTSCHER VERLAG · KÖLN UND OPLADEN 1967

ISBN 978-3-663-03963-1 ISBN 978-3-663-05152-7 (eBook)
DOI 10.1007/978-3-663-05152-7

Verlags-Nr. 011798

Gesamtherstellung: Westdeutscher Verlag

Inhalt

Inhalt

I. Einleitung

Mit der Untersuchung über das Warmbadhärten und Unterkühlen des Stahles X 40 Cr 13 konnten umfangreiche Forschungsvorhaben über die Wärmebehandlung dieses Stahles abgeschlossen werden. Neben einer ausführlichen Darstellung neuer Ergebnisse wird auch ein Vergleich mit den Ergebnissen früherer Untersuchungen, [1–6], vorgenommen.

Eine besondere Aufgabe bei der Wärmebehandlung eines rostbeständigen Stahles vom Typ X 40 Cr 13 liegt in der Erreichung und Einhaltung einer bestimmten Mindesthärte. Aus diesem Grunde galt bisher auch bei der Herstellung von Schneidwaren die Härteprüfung als wichtigste Qualitätskontrolle. Nach den Ergebnissen der bisherigen auf dem Gebiet der Wärmebehandlung durchgeführten Untersuchungen [1], [2] und [3] kann man jedoch der Härte gerade bei dem rostbeständigen Stahl nur einen bedingten Aussagewert zusprechen. So sollte die Härte zur Qualitätsbeurteilung von Schneidwaren nur im Zusammenhang mit anderen Untersuchungsverfahren, wie z. B. der Prüfung der Korrosionsbeständigkeit und der Schneidfähigkeit, herangezogen werden. Zwar besteht zwischen der Härte und der Schneidhaltigkeit ein ziemlich eindeutiger Zusammenhang, aber bei der zumindest ebenso wichtigen Korrosionsbeständigkeit kann ein Zusammenhang mit der Härte keineswegs nachgewiesen werden.

Von Bedeutung ist weiterhin, daß man bei dem rostbeständigen Stahl die für die verschiedenen Schneidwaren geforderte Härte durch sehr unterschiedliche Wärmebehandlungen erreichen kann. Diese unterschiedlichen Wärmebehandlungen ergeben aber andererseits trotz Erreichung gleicher Härte sehr unterschiedliche Korrosionsbeständigkeitswerte.

Man wird nun bei der Herstellung der Schneidwaren bestrebt sein, ein möglichst hohes Maß an Härte, Schneidfähigkeit und Schneidhaltigkeit, Korrosionsbeständigkeit und Biegefestigkeit zu erreichen, wobei aber zu berücksichtigen ist, daß nicht bei allen diesen Eigenschaften gleichzeitig das Höchstmaß erreicht werden kann. Es ist aber auch möglich, daß eines dieser Qualitätsmerkmale auf Grund besonderer Anforderungen in jedem Fall auf den Höchstwert gebracht werden muß. Doch sollten auch hier die anderen, in diesem Falle allerdings weniger wichtigen Qualitätsmerkmale, nicht mehr als unbedingt notwendig beeinträchtigt werden.

Die hierbei bestehenden Gesetzmäßigkeiten und Zusammenhänge sollen an Hand einer großen Zahl von Untersuchungen erläutert und die Ergebnisse mit Kurven, Diagrammen und Gefügebildern belegt werden.

Um Einflüsse von den sehr unterschiedlichen geometrischen Formen der verschiedenen Messertypen her auszuschalten, wurden für die hier durchgeführten Untersuchungen Proben rechteckigen Querschnittes mit einer Dicke von 1 bis

3 mm verwendet, entsprechend der Klingendicke bei Schneidwaren. Die weiter unten mitgeteilten Versuchsergebnisse können damit nur für Prüfkörper dieser Werkstoffstärke ihre volle Gültigkeit haben. Die Abweichungen gegenüber den bei Messerklingen erhaltenen Werten werden jedoch gering sein.

II. Ausführungen über das Härten und Anlassen als Grundlage für die durchgeführten Untersuchungen

1. Allgemeine Ausführungen

Als Härten bezeichnet man im allgemeinen das Abschrecken eines Stahles von einer Temperatur oberhalb der γ-α-Umwandlung. Erfolgt im Gegensatz zum Abschrecken diese Abkühlung aus dem γ-Gebiet bei C-Stählen langsam, so erhält man ein Gefüge, das aus Ferrit und Perlit bzw. Sekundärzementit und Perlit besteht. Eine vollständige Bildung von Ferrit und Perlit erfordert dabei eine gewisse Zeit. Steht diese Zeit auf Grund hoher Abkühlungsgeschwindigkeiten nicht zur Verfügung, so wird die Umwandlung unterdrückt. Das γ-Gefüge (Austenit) bleibt dann bis zu tieferen Temperaturen, z. B. 200° C, bestehen. Hier ist dann wegen der stark verringerten Diffusionsgeschwindigkeit des Kohlenstoffs eine Umwandlung durch Platzverlagerung von Kohlenstoffatomen nicht mehr möglich. Die Umwandlung von γ-Eisen in α-Eisen erfolgt bei weiterer Abkühlung schließlich durch plötzliches Umklappen ganzer Atomgruppen von der flächenzentrierten in die raumzentrierte Anordnung. Dieser Vorgang ist mit einer Volumenvergrößerung der einzelnen Kristallite verbunden. Das dabei beobachtete nadelige Gefüge wird als Martensit bezeichnet.

Das Einsetzen der Martensitbildung ist nun abhängig vom Gehalt des Stahles an Kohlenstoff. Je höher der C-Gehalt ist, bei um so tieferen Temperaturen bildet sich bei der Abkühlung der Martensit. Dabei bildet sich der Martensit auch bei einem bestimmten C-Gehalt nicht bei einer konstanten Temperatur, sondern in einem Temperaturintervall, d. h., daß bei einer vom C-Gehalt abhängigen bestimmten Temperatur (M_s) die Martensitbildung zwar anfängt, daß sie aber erst bei einer erheblich tieferen Temperatur (M_f) abgeschlossen ist. Im Temperaturgebiet zwischen diesen beiden Temperaturbegrenzungen besteht dann der Stahl aus Martensit und Restaustenit. Bei höher C-haltigen Stählen hat man bei Lösung entsprechender Mengen an Kohlenstoff im γ-Gefüge auch bei Abkühlung auf Raumtemperatur das Ende der Martensitbildung noch nicht erreicht und damit neben Martensit noch nennenswerte Mengen an Restaustenit.

Will man den Restaustenit, der in höheren Prozentgehalten die Härte erheblich vermindert, ebenfalls in Martensit umwandeln, so muß man nachträglich noch unter Raumtemperatur abkühlen. Um den bei der Raumtemperatur unterbrochenen Vorgang der Austenitumwandlung wieder einzuleiten, muß dabei die Raumtemperatur wesentlich unterschritten werden.

Das bisher Gesagte gilt in erster Linie für den Kohlenstoffstahl. Stähle mit höheren Legierungszusätzen können beim Härten ein davon stark abweichendes Verhalten zeigen. Bei dem hier behandelten Stahl X 40 Cr 13 wird durch den hohen Chromgehalt die Martensitbildung zu tieferen Temperaturen verschoben und außerdem die zur Unterdrückung der Ferrit-Ausbildung beim Abschrecken notwendige kritische Abkühlgeschwindigkeit sehr stark herabgesetzt. Das bedeutet, daß bereits ein Abkühlen an bewegter Luft genügt, um die Ferrit- und Perlitumwandlung zu unterdrücken und damit eine Martensitbildung, d. h. eine Härtung zu erreichen. Üblich ist jedoch bei diesem Stahl das Abschrecken in Öl, weil sich damit recht gleichmäßige Härtewerte bei noch geringem Verzug erzielen lassen. Die mögliche Höchsthärte erreicht man jedoch auch mit Ölabschreckung vielfach nicht. Es erscheint darum ratsam, alle in Frage kommenden Abschreckmittel in ihrer Auswirkung auf die Härte und die sonstigen Eigenschaften des Stahles zu untersuchen.

2. Das Warmbadhärten

Unter Warmbadhärten versteht man das Abschrecken des auf die erforderliche Austenitisierungstemperatur gebrachten Stahles in einem Bad (Salzbad), dessen Temperatur möglichst etwas über der der beginnenden Martensitbildung liegt. Bei der üblichen Abschreckhärtung, bei der die Abschreckmittel etwa Raumtemperatur haben, wird dagegen der Stahl von der Härtetemperatur bis auf Raumtemperatur abgekühlt. Das martensitische Gefüge entsteht dann mit fallender Temperatur, beginnend mit der Unterschreitung von M_s. Bei einfachen Werkstückformen ist dabei der Temperaturverlauf innerhalb des Werkstückes einigermaßen gleichmäßig. Bei verwickelten Werkstückformen ist dagegen der Temperaturverlauf und somit auch die Umwandlung zeitlich sehr unterschiedlich. Man muß hier also mit erheblichen, durch die ungleichmäßige Abkühlung bedingten, thermischen Spannungen und zusätzlich aus der Martensitbildung sich ergebenden Umwandlungsspannungen rechnen. Verziehen der Teile und Ausschuß durch Rißbildung sind neben Unterschieden in der Härte die Folge. Bei der Warmbadhärtung wird dagegen im Zuge des Abschreckens die Abkühlung in der Höhe der Warmbadtemperatur unterbrochen. Der so erhaltene unterkühlte Austenit ist infolge der bei dieser Temperatur recht geringen Diffusions- und damit Ferrit- und Perlitbildungsgeschwindigkeit ziemlich beständig. Man kann darum das Härtegut zum Ausgleich der Spannungen unbedenklich für eine längere Zeit im Warmbad halten, ohne daß man Gefügeumwandlungen befürchten muß. Erst bei der nachfolgenden Abkühlung aus dem Warmbad an der Luft wandelt sich der Austenit in Martensit um. Dadurch werden die Spannungen im Werkstück bedeutend geringer anfallen als bei normaler Abschreckung. Eine besondere Bedeutung des Verfahrens ist bei der Härtung komplizierter Werkstücke und empfindlicher Stähle gegeben. Die Vorzüge der geringeren Rißanfälligkeit und des geringeren Verziehens und der gleichmäßigeren Härteannahme bei höchsten Härtewerten können aber auch bei dem Stahl X 40 Cr 13 zur Verbesserung der Qualität der aus ihm hergestellten Schneidwaren beitragen.

3. Das Härten mit verschiedenen Abschreckmitteln

Wesentliches Unterscheidungsmerkmal der verschiedenen, sonst üblichen Abschreckmittel ist die mit ihnen zu erzielende Abkühlgeschwindigkeit. Dabei ist diese keine Konstante, sondern ein von der jeweiligen Temperatur abhängiger Wert.

Das Maximum in der Abkühlgeschwindigkeit der flüssigen Abschreckmittel liegt dabei nicht bei der höchsten Temperaturdifferenz zwischen Werkstück und Abschreckmittel, sondern es ist bei mittleren Temperaturen zu finden. Das hängt mit dem sich bei hohen Temperaturen auf dem Härtegut bildenden Dampfmantel zusammen, der dem Abschreckmittel den Zutritt zur Stahloberfläche erschwert. Erst wenn dieser Dampfmantel bei niederen Temperaturen in stärkerem Maße zusammenbricht, kommt es zu höheren Abkühlgeschwindigkeiten, siehe Abb. 1 [8]. Durch die dann stattfindende Berührung des Wassers mit dem heißen Stahl kommt es zur intensiven Dampfbildung, die einen starken Wärmeentzug bewirkt. Das Maximum der Abkühlgeschwindigkeit liegt daher für Wasser bei etwa 350° C. Allerdings stehen die sehr hohen Abkühlwerte nur in einem recht engen Temperaturbereich zur Verfügung.

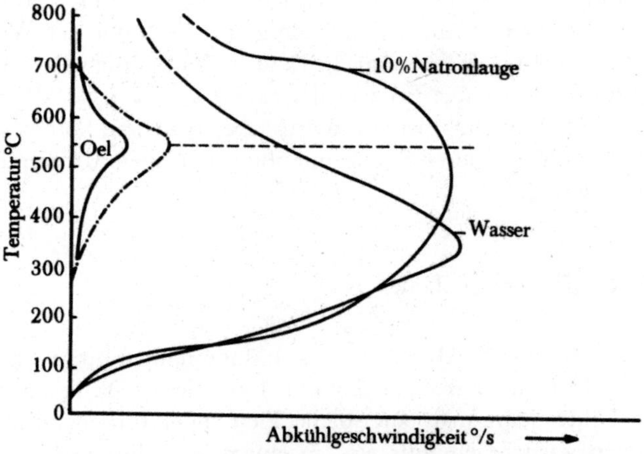

Abb. 1 Abkühlgeschwindigkeit durch verschiedene Abschreckmittel
—·— zur Unterdrückung der Perlitbildung erforderliche Mindestabkühlgeschwindigkeit bei einem Kohlenstoffstahl (aus [8])

Vielfach arbeitet man jedoch nicht mit reinem Wasser. So kann man durch Zusätze von Kochsalz oder Natronlauge die Abkühlgeschwindigkeit in ihrer Abhängigkeit von der Härteguttemperatur wesentlich beeinflussen. Natronlauge, üblicherweise in einer 10%igen Lösung verwendet, verbessert die Abkühlwirkung im Vergleich zu reinem Wasser ebenso, wie eine 10%ige Kochsalzlösung. Nachteilig ist bei den Salzwasserbädern das Nachrosten infolge der hygroskopischen Eigenschaften des auf den Werkstücken zurückbleibenden Salzes. Bei der Ver-

wendung von Natronlauge muß man beachten, daß diese ätzend wirkt. Entsprechende Vorsichtsmaßregeln sind daher unumgänglich.
Auch die zum Abschrecken verwendeten Öle zeigen ein ausgeprägtes Maximum der Abkühlgeschwindigkeit. Wegen der höheren Siedetemperatur bricht der Dampfmantel meistens eher zusammen als beim Wasser. Das Maximum der Abkühlgeschwindigkeit liegt darum bei ca. 450–600° C. Die Abkühlgeschwindigkeit ist jedoch in ihrem Maximum bedeutend geringer als beim Wasser (bei 550° C etwa 1/3 derjenigen des Wassers) und reicht beim reinen Kohlenstoffstahl normalerweise (Querschnitt, Ölart) nicht aus, die Perlitbildung zu unterdrücken, siehe Abb. 1.
Von den pflanzlichen und tierischen Ölen und Fetten, die zum Abschrecken verwendet werden können, war das Rüböl wegen seines günstigen Verhaltens beim Abschrecken sehr beliebt und wurde viel angewandt. Die heute dagegen hauptsächlich verwendeten Mineralöle zeigen zwar eine oft etwas geringere Abkühlwirkung als Rüböl, sie lassen sich jedoch durch ihre Zusammensetzung und ihre speziellen Zusätze dem jeweiligen Verwendungszweck anpassen.
Bei der Härtung durch Abkühlung an ruhender Luft oder an anderen Gasen liegen ganz andere Verhältnisse vor. Das typische Maximum bei mittlerer Temperatur, wie es durch das Verdampfen von Flüssigkeit bedingt ist, entfällt hier. Die Abkühlgeschwindigkeit ist somit ausschließlich von der Temperaturdifferenz zwischen dem Härtegut und dem Gas abhängig und fällt mit der Werkstücktemperatur nahezu linear ab. Sie beträgt im Bereich der größten Perlitbildungsgeschwindigkeit nur noch wenige Prozent derjenigen des Wassers. Bei bewegter Luft ergeben sich zwar erheblich bessere Werte, aber trotzdem kommt die Luftabkühlung nur für höher legierte Stähle mit ihren geringen Umwandlungsgeschwindigkeiten in Frage.

4. Das Tiefkühlen gehärteter Teile

Ein nach der Härtung durch Abschrecken auf Raumtemperatur verbleibender Restaustenit im Stahl kann durch ein Abkühlen auf tiefere Temperaturen vermindert werden. Leider kann man eine solche Tieftemperaturbehandlung nur in zwei Arbeitsgängen vornehmen. Für eine in einem Zug durchzuführende Abschreckung von Härtetemperatur bis auf Tieftemperatur fehlt einmal ein geeignetes Abschreckmittel, das sowohl eine ausreichende Abkühlgeschwindigkeit in der Perlitstufe als auch einen genügend tiefen Gefrierpunkt aufweist, und zum anderen würde die Aufrechterhaltung der tiefen Temperatur des Abschreckmittels beim Abschrecken der Teile aus dem γ-Gebiet in der Praxis im allgemeinen zu hohe Energiekosten bedingen.
Man wird daher zuerst eine normale Abschreckhärtung mit vollständiger Abkühlung auf ca. Raumtemperatur vornehmen, um danach in einem flüssigen Kältemittel oder einer Tiefkühltruhe auf die notwendigen tiefen Temperaturen abzukühlen. Normalerweise genügt eine Unterkühlung auf ca. — 50 bis — 80° C, um bei C-Stählen und bei Cr-legierten Stählen mit den bei Messerstählen ange-

wandten C-Gehalten eine weitgehende Umwandlung des Restaustenits in Martensit zu erhalten. Versuchsmäßig läßt sich eine Tiefkühlung oder Unterkühlung, wie sie oft genannt wird, am einfachsten und ohne hohe Anlagekosten mit Kohlendioxid (Trockeneis) und Alkohol durchführen. Das Trockeneis entzieht durch seine Verdampfung dem Alkohol die abzuführenden Wärmemengen, so daß sich eine Temperatur von — 78° C einstellt. Die Dauer der Unterkühlungsbehandlung ist bei der hohen Martensitbildungsgeschwindigkeit ohne Bedeutung. Es genügt, wenn das Werkstück für einige Minuten auf die tiefe Temperatur abgekühlt wird. Die unterkühlten Teile sollten von den tiefen Temperaturen nicht gleich an Luft gebracht werden, da sie an der Luft stark beschlagen, wodurch unter Umständen Rostbildung auftritt. Sie werden daher häufig in einem Zwischenbad von Raumtemperatur wieder erwärmt.

5. Das Anlassen

Der nach dem Härten vorliegende extreme Spannungszustand im martensitischen Gefüge, der noch durch allgemeine thermische Spannungen verstärkt wird, ist für die Gebrauchseigenschaften von gehärteten Teilen unerwünscht. Die Werkstücke sind in diesem Zustand besonders spröde und rißempfindlich.

Bei Raumtemperatur ist die Diffusionsgeschwindigkeit des Kohlenstoffes praktisch gleich Null, und somit ist ein Ausgleich der Umwandlungsspannung nicht ohne weiteres möglich. Erst bei einem langzeitigen Erwärmen auf höhere Temperaturen, mindestens ca. 100° C, das als Anlassen bezeichnet wird, kommt es zu einem nennenswerten Abbau des Zwangszustandes im Martensit. Der eventuell entstehende Verlust an Härte, der durch die üblichen Härteprüfverfahren, z. B. Rockwellprüfung, ermittelt werden kann, ist bei niederen Anlaßtemperaturen zunächst sehr gering im Vergleich zum erwünschten Zuwachs an Zähigkeit.

Durch eine entsprechende Temperatur und Haltezeit beim Anlassen ist es möglich, gerade das Verhältnis von Härte und Zähigkeit zu bekommen, das für den jeweiligen Verwendungszweck am günstigsten ist. Als untere Temperatur für ein Anlassen ist 100° C, die Temperatur des zum Entspannen häufig benutzten kochenden Wassers, anzusetzen. Die höchste Anlaßtemperatur muß aber immer noch unter dem Umwandlungspunkt Ac 1 bleiben, also beim reinen C-Stahl unter 723° C. Die Anwendung höherer Anlaßtemperaturen, bei denen die Härte wieder weitgehend zurückgeht, hat jedoch für den Schneidwarenhersteller nur eine untergeordnete Bedeutung.

Das Anlaßverhalten der Stähle wird durch Legierungszusätze beeinflußt, und zwar meistens im erwünschten Sinne einer höheren Anlaßbeständigkeit, d. h. in diesem Falle fällt die Härte erst bei höheren Anlaßtemperaturen stärker ab.

III. Ergebnisse der Untersuchungen über das Warmbadhärten und Unterkühlen

1. Das Härten

Bei der Warmbadhärtung wurden Proben des Stahles X 40 Cr 13 aus einem Silitstabofen, dessen Temperatur durch Einbau einer Muffel im eigentlichen Erwärmungsraum weitgehend konstant gehalten werden konnte, in einem heizbaren Tiegel mit geschmolzenem Anlaßsalz abgekühlt. Wegen der kleinen Abmessungen der verwendeten Proben, 60×12×3 mm, war es möglich, ein AS 140 zu verwenden. Bei stärkeren Abmessungen kommt dagegen dieses Salz sowohl wegen der Härtetemperatur von 1045° C als auch wegen der verwendeten Badtemperaturen von maximal 500° C nicht in Frage. Als Badbeheizung diente ein Propangasbrenner. Die Badtemperatur wurde mit einem Hochtemperatur-Quecksilberthermometer gemessen.

Neben der Härtung im Warmbad wurden jeweils Proben derselben Charge in Öl und in weiteren zu untersuchenden Abschreckmitteln abgehärtet. Verwandt wurden außer Öl noch folgende Abschreckmittel: gewöhnliches Leitungswasser von ca. 10° C, je eine 10%ige Kochsalzlösung von 25° C und 65° C sowie eine 10%ige Natronlauge von 25° C. Das Versuchsprogramm für die Warmbadablöschung umfaßte Temperaturen von 160 bis 500° C. Um eine einwandfreie Perlitunterdrückung zu erzielen, wurde im Warmbad bis zum vollen Temperaturausgleich gehalten. Für die üblichen dünnen Proben genügten hierfür 3 min. Es wurden aber auch längere Haltezeiten, vor allem bei Temperaturen oberhalb der Martensitbildung, d. h. im Bereich der Zwischenstufen, untersucht, da bei dem vorliegenden chromlegierten Stahl ein weitgehendes Zwischenstufengefüge erst nach sehr langen Zeiten erhalten wird (siehe Houdremont, Handbuch der Sonderstahlkunde [9]).

Die Härtewerte für die einzelnen Wärmebehandlungen sind in dem Balkendiagramm, Abb. 2, enthalten. Die dort aufgezeichneten Werte sind zum Teil Mittelwerte von 3 Probengruppen mit der gleichen Wärmebehandlung. Es sei hier schon erwähnt, daß alle besprochenen Probengruppen nach dem Härten die gleiche Anlaßbehandlung erfahren haben, und zwar wurden sie 1 Stunde in kochendem Wasser entspannt. Dieses niedere Anlassen war schon im Hinblick auf die weiter unten besprochenen Ergebnisse der Schneidprüfung erforderlich. Die aufgeführten Härtewerte gelten also für die auf 100° C angelassenen Proben, von denen jeweils 5 zu einer Versuchsgruppe gehören. Gemessen wurde die Vickershärte, die dann nach einer durch Versuche aufgestellten Vergleichstabelle in Rockwelleinheiten umgewertet wurde. Die Genauigkeit konnte damit gegenüber der direkten Rockwellhärtemessung erheblich verbessert werden.

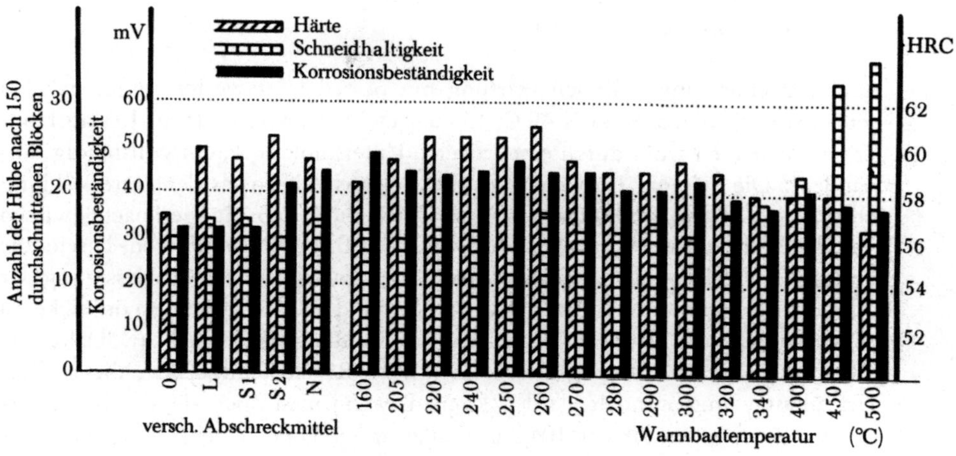

Abb. 2 Härte, Schneidhaltigkeit und Korrosionsbeständigkeit bei Anwendung verschiedener Abschreckmittel
O = Öl, L = Leitungswasser, S_1 = Salzwasser 25° C, S_2 = Salzwasser 65° C, N = 10% Natronlauge
Die Warmbadtemperaturen gelten für Anlaßsalze

Für die Praxis wird bei der Herstellung von Schneidwaren aus rostbeständigem Stahl die Ölhärtung am häufigsten angewandt. Man muß daher den in Abb. 2 unter dem Buchstaben O = Mittelwert von 3 in Öl gehärteten Probengruppen verzeichneten Härtewert von 57 HRC als die üblicherweise in der Praxis erreichte Härte annehmen. Voraussetzung dafür ist allerdings, daß in der Praxis bei der Härtung weder in der Werkstoffanalyse noch in der Wärmebehandlung extreme Abweichungen vorkommen. Wie aus der Abb. 2 hervorgeht, liegen alle Probengruppen, die mit anderen Abschreckmitteln als Öl gehärtet werden, in ihrer Härteannahme über der Ölhärtung. Eine Ausnahme ist nur bei der extrem hohen Warmbadtemperatur von 500° C gegeben. Obwohl sich bei der Warmbadhärtung mit hohen Badtemperaturen ein leichter Abfall der Härte zeigt, ist die Härteannahme insgesamt gesehen recht hoch und von guter Gleichmäßigkeit. In bezug auf die Härteannahme scheinen bei der Warmbadhärtung Badtemperaturen von 220 bis 260° C einen gewissen Vorteil zu bringen. Soweit sie untersucht wurden, ergaben die Härtungen in Wasser oder wäßrigen Lösungen, wie auch nicht anders zu erwarten, recht hohe Härten. Eine Rißbildung oder ein stärkerer Verzug konnte auch bei der Wasserhärtung an den allerdings recht kurzen Proben nicht festgestellt werden.

Es ist bei der Beurteilung der erreichten Härtungsergebnisse darauf hinzuweisen, daß sowohl bei der Warmbadhärtung als auch bei der Wasserhärtung Werte erreicht wurden, die sehr nahe an das erreichbare Maximum für einzelne Stähle aus der Gruppe X 40 Cr 13 herankommen. Man kann dabei davon ausgehen, daß 61 HRC die bei der vorliegenden Qualität X 40 Cr 13 erreichbare höchste Härte darstellt.

2. Das Unterkühlen

Auch bei einer einwandfreien Härtung mit besten Härtewerten findet sich bei dem rostbeständigen Stahl X 40 Cr 13 ein gewisser Prozentsatz an Restaustenit. Er läßt sich auch wohl durch eine extreme Unterkühlung kaum vollständig umwandeln. Die erfolgte Umwandlung des Restaustenits nach der Unterkühlung kann zum Teil als Härtesteigerung durch Vickers-Härteprüfungen nachgewiesen werden. Während bei sehr feinen Schneiden, z. B. bei Rasierklingen, bereits die Umwandlung kleinerer Restaustenitmengen zu einer fühlbaren Verbesserung der Gebrauchseigenschaften führt, machten sich bei der Unterkühlung von dickeren Messerklingen nur größere Restaustenitumwandlungen bemerkbar. Dabei ergaben sich bei der Härtung nur dann höhere Restaustenitgehalte, die bei der Tiefkühlung umgewandelt werden können, wenn man über die als optimal erkannte Härtetemperatur von 1045° C, und zwar gerechnet jeweils bei 18 min Vorwärm- + Haltezeit, für die vorliegenden Querschnitte hinausgeht.
Neben den aus früheren Untersuchungen und der Warmbadhärtung zur Verfügung stehenden, bei 1045° C gehärteten Proben wurden darum auch bei 1080 und 1115° C gehärtete Proben unterkühlt.
Bei einer Härtetemperatur von 1045° C und 18 min Vorwärm- + Haltezeit konnte die Härte durch die Unterkühlung nicht eindeutig meßbar verbessert werden, nur in einigen Fällen lag die Härtesteigerung mit Sicherheit über der Toleranz der Vickershärteprüfung.
Der bei der Warmbadhärtung beobachtete Abfall der Härte bei höheren Badtemperaturen ergibt sich wahrscheinlich durch die Enstehung eines wenn auch kleinen Anteils an Umwandlungsgefüge.
In der gleichen Größenordnung bzw. zum Teil noch höher lagen die Härtesteigerungen durch Tiefkühlung bei den von 1080 und 1115° C gehärteten Proben. Um festzustellen, wie sich der tiefgekühlte Stahl beim Anlassen im Vergleich zum nicht unterkühlten verhält, wurden von 4 Proben einer Härtung 2 Stück bei — 78° C unterkühlt. Das Anlassen erfolgte stufenweise mit jeweils 15 min Haltezeit pro Stufe. Es zeigte sich, daß bei den 3 untersuchten Härtetemperaturen eine Härtesteigerung als Folge der Unterkühlung auftrat, nur bei der Härtetemperatur von 1045° C wird der Unterschied zwischen der Härte der nicht unterkühlten und der unterkühlten Proben schon bei einer Anlaßtemperatur von 150° C so gering, daß eine eindeutige Trennung der beiden Kurven nicht mehr möglich ist, Abb. 3. Bei 1080° C und erst recht bei 1115° C in Abb. 4 und 5 ist der Unterschied in der Härte deutlicher, und der Abstand zwischen den beiden Härtekurven bleibt auch bei den höheren Anlaßtemperaturen nahezu konstant. Es ist bei allen drei Abbildungen deutlich zu erkennen, daß bei der höchsten Anlaßtemperatur, 550° C, die nicht unterkühlten Proben in ihrer Härte fast gleich liegen wie die unterkühlten. Die Ausgangshärte ist unterschiedlich. Dieser Unterschied ist gering, aber zumindest ist sicher, daß hier und zum Teil bei niedrigen Anlaßtemperaturen die Härte durch Tiefkühlung gesteigert wird. In den zwei weiteren Abb. 6 und 7 wurden die Anlaßkurven für unterkühlte und nicht unterkühlte Proben zusammengefaßt, um den Einfluß der Härtetemperatur deutlicher

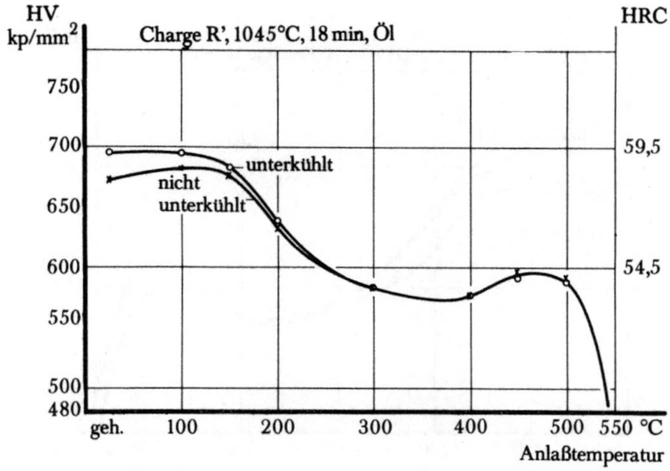

Abb. 3

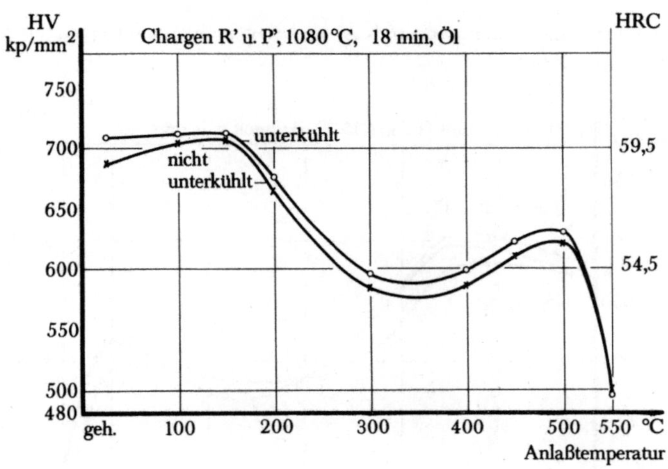

Abb. 4

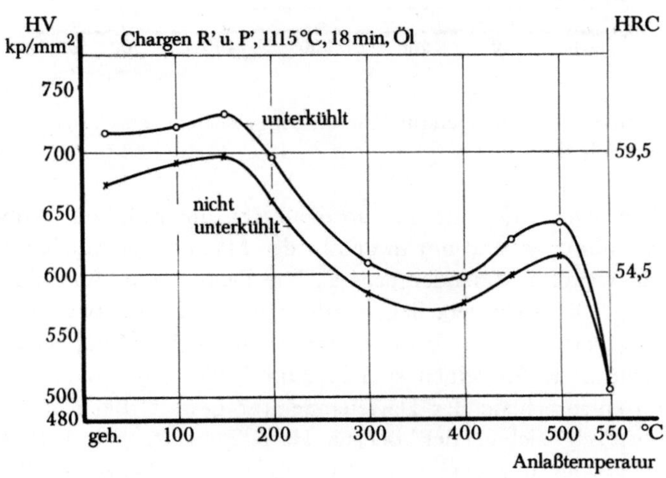

Abb. 5

Abb. 3–5 Anlaßhärte-Anlaßtemperatur-Kurven bei verschiedenen Härtetemperaturen, vor und nach dem Unterkühlen

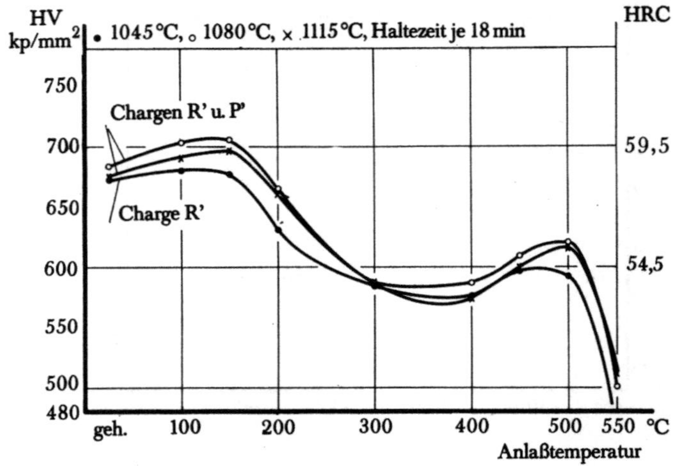

Abb. 6 Anlaßhärte-Anlaßtemperatur-Kurven bei verschiedenen Härtetemperaturen, nicht unterkühlt

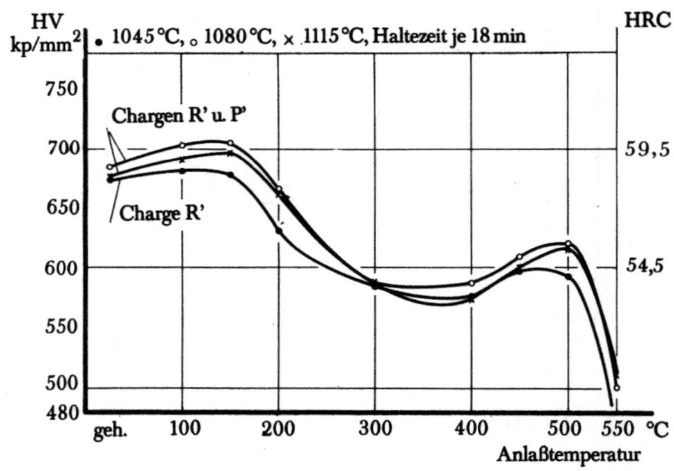

Abb. 7 Anlaßhärte-Anlaßtemperatur-Kurven bei verschiedenen Härtetemperaturen, unterkühlt

hervorzuheben. Die Anlaßkurven für die nicht unterkühlten Proben liegen ziemlich eng zusammen, und nur in den beiden Maxima der Anlaßhärte sind die Kurven etwas weiter auseinandergezogen. Die Proben, die von höheren Härtetemperaturen gehärtet wurden, liegen jedoch in der Härte etwas besser als die von 1045° C gehärteten. Durch die Unterkühlungsbehandlung wird diese Erscheinung deutlicher. So zeigen sich in Abb. 7 die 3 Anlaßkurven eindeutig getrennt und entsprechend der Härtetemperatur gestuft. Bei den nicht tiefgekühlten Proben zeigt sich bei der höchsten Härtetemperatur von 1115° C dagegen bereits eine Verringerung der Härte durch überhöhten Gehalt an Restaustenit.

3. Der Einfluß der Warmbadhärtung und Unterkühlung auf die praktische Verwendbarkeit des Stahles X 40 Cr 13 als Messerstahl

Die Ergebnisse von Warmbadhärtung und Unterkühlung wurden bisher nur an Hand der erreichten Härtewerte diskutiert. Es wurde jedoch schon weiter oben darauf hingewiesen, daß mit der Härteprüfung nicht alle wesentlichen Qualitätsmerkmale erfaßt werden können. Mit den am Forschungsinstitut für Schneidwaren entwickelten Verfahren zur Schneid- und Korrosionsprüfung sollten daher zusätzlich notwendige Aussagen über die Wirkung der verschiedenen Wärmebehandlungen speziell für Schneidwerkzeuge gemacht werden.

In der Abb. 2 sind für die Härtungen mit verschiedenen Abschreckmitteln neben der Härte die Schneidhaltigkeit und die Korrosionsbeständigkeit aufgetragen worden.

Die Prüfung der Schneidhaltigkeit erfolgte dabei auf dem Gerät nach Knapp. Bei diesem Verfahren wird ein Block aus 20 Lagen Manilakarton mit einem Gesamtquerschnitt von 0,5 cm^2 zerschnitten. Die Zahl der zum Zerschneiden des Blockes benötigten Hübe nimmt mit dem Verschleiß der Schneide zu. Als Balkendiagramm, Abb. 2, wurden jeweils die zum Zerschneiden des 150. Blockquerschnittes benötigten Hubzahlen aufgetragen. Je kleiner dabei die Zahl der Hübe ist, desto besser ist die zu diesem Zeitpunkt vorhandene Schneidfähigkeit und damit auch die Schneidhaltigkeit des Messers.

Bei der Beurteilung der Korrosionsbeständigkeit durch Potentialdifferenzmessung bedeuten mV-Werte von über + 20 mV eine ausreichende, Werte zwischen + 20 und — 20 mV einen Grenzwert und Werte unter — 20 mV eine nicht mehr ausreichende Beständigkeit.

Da bei beiden Kenngrößen, und zwar sowohl bei der Schneidhaltigkeit als auch bei der Korrosionsbeständigkeit, Härtetemperatur und Haltezeit beim Härten eine wichtige Rolle spielen, sind, nach der bei der Härte beobachteten Gleichmäßigkeit, auch hier keine wesentlichen Differenzen zu erwarten. Die Schneidleistung fällt erst bei den hohen Warmbadtemperaturen stärker ab. Der Abfall der Schneidhaltigkeit ergibt sich in der Abbildung aus dem Anstieg der benötigten Hubzahlen. Durch eine Warmbadbehandlung wird vor allem bei niedrigen Badtemperaturen eine Erhöhung der Korrosionsbeständigkeit gegenüber der normalen Abschreckhärtung erreicht.

Die durch eine Unterkühlungsbehandlung erzielte Härtesteigerung hat nur dann einen wirtschaftlichen Wert, wenn sie sich auch in einer entsprechenden Verbesserung der anderen Qualitätsmerkmale äußert. Bei der Schneideigenschaftsprüfung zeigt sich der Vorteil der Unterkühlung dann deutlich, wenn eine genügende Menge Restaustenit umgewandelt worden ist. So ergab sich für die mit 400, 450 und 500° C Warmbadtemperatur und 15 min Haltezeit im Warmbad abgeschreckten Proben, das sind die drei letzten Punkte in Abb. 2, nach dem Unterkühlen ein mittlerer Härteanstieg von 10 HV = ½ HRC. Die für das Durchschneiden des 150. Blockquerschnittes benötigten Hubzahlen waren nach dem Unterkühlen bei den im 400° C-Warmbad abgeschreckten Proben 15, bei den im 450° C-Warmbad abgeschreckten 23 und bei den im 500° C-Warmbad abgeschreckten 21. Vergleicht man diese Werte mit denen der nicht unterkühlten Proben in Abb. 2, so sieht man deutlich, welchen erheblichen Einfluß der Restaustenit auf die Schneidhaltigkeit hat. Zugleich wird damit deutlich, daß die Härte zur Qualitätsbewertung alleine nicht ausreicht, sobald unterschiedliche Restaustenitgehalte vorhanden sind. Trotz annähernd gleicher Härte schneiden die ölgehärteten Proben in Abb. 2 gut, während die Proben aus den Warmbädern höchster Temperatur zunehmend mit der Warmbadtemperatur schlechter schneiden.

In den Abb. 8–10 sind für Proben, die von verschiedenen Temperaturen, 1045, 1080 und 1115° C, in Öl gehärtet wurden, die Schneidkurven für den unterkühlten und den nicht unterkühlten Zustand aufgetragen. Bei der Härtetemperatur von 1045° C zeigen sich trotz einer geringen Härtesteigerung durch die Unterkühlung keine eindeutigen Vorteile in der Schneidleistung der unterkühlten Proben. Bei 1080 und 1115° C Härtetemperatur sind dagegen die unterkühlten Probemesser eindeutig besser als die nicht unterkühlten.

Aus den Abb. 8–10 läßt sich noch folgendes wichtige Ergebnis entnehmen: Der höhere Aufwand, der sich durch die Wahl einer höheren Härtetemperatur und einer zusätzlichen Unterkühlungsbehandlung notwendigerweise ergibt, bringt hier keinen bedeutsamen Vorteil. Die in Abb. 9 und 10 nach dem Unterkühlen aufgezeigte um 1–2 geringere Hubzahl als in Abb. 8 resultiert dabei nur aus der etwas höheren Härte der von hohen Temperaturen gehärteten und unterkühlten Proben. Ist die höchste Schneidleistung unbedingt erforderlich, so erreicht man sie am zweckmäßigsten, ohne Restaustenit in störenden Mengen befürchten zu müssen, mit einer Härtetemperatur von 1045° C und Warmbadabschreckung. Die Anwendung von schroffer wirkenden Abschreckmitteln bringt keine Verbesserung und erscheint im Hinblick auf den damit bei größeren Abmessungen verbundenen Verzug und die Rißgefahr nicht ratsam.

Die Korrosionsbeständigkeit wird durch die hier vorliegenden Restaustenitmengen nicht beeinflußt, wie an den oben besprochenen Probemessern nachgewiesen werden konnte. Die Potentialdifferenzmessung ergab sowohl für die unterkühlten wie auch für die nicht unterkühlten die gleichen Werte. Es scheint somit, daß der Einfluß der Härtetemperatur, auf den im nächsten Absatz noch näher eingegangen wird, bei der Korrosionsbeständigkeit gegenüber anderen Einflüssen weit überwiegt.

Von den in Abb. 2 aufgezeichneten Probengruppen wurde je ein Schliff zur Beurteilung des Gefügeaufbaues hergestellt. Die dabei im Gefüge unter dem Lichtmikroskop feststellbaren Unterschiede sind hauptsächlich auf die durch die Stahlherstellung bedingten Werkstoffunterschiede zurückzuführen, während selbst eine extreme Behandlung beim Abschrecken keine sichtbaren Unterschiede ergab. Die Gefügebilder Abb. 11–16 sollen darum als Beispiel genügen.

Die durch eine Unterkühlungsbehandlung bewirkten Austenitumwandlungen sind in der hier vorliegenden Größenordnung lichtmikroskopisch kaum sichtbar zu machen. An den Gefügebildern Abb. 17–19 ist am auffälligsten der durch die unterschiedliche Härtetemperatur bedingte Unterschied in der Karbidlösung.

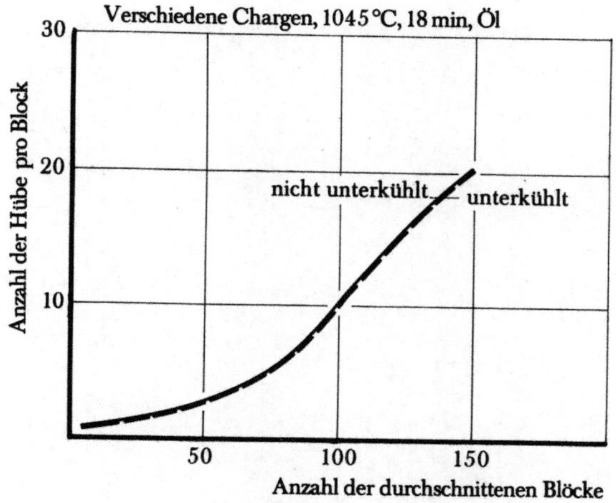

Abb. 8

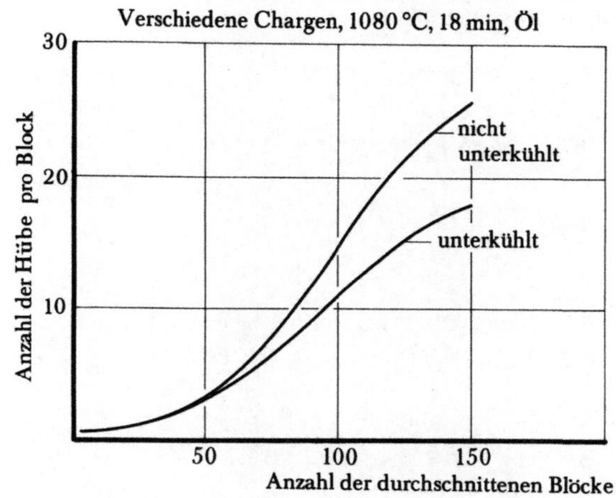

Abb. 9

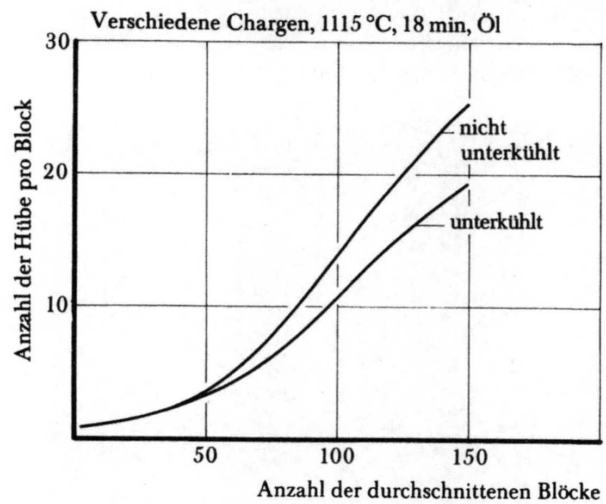

Abb. 10

Abb. 8–10 Schneidprüfung nach Knapp bei verschiedenen Härtetemperaturen vor und nach dem Unterkühlen

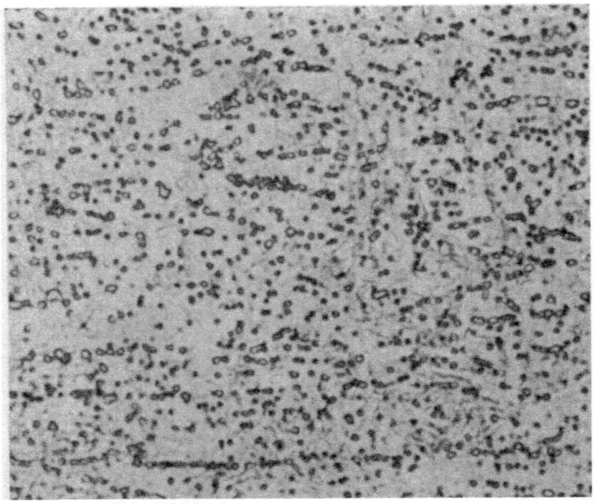

Abb. 11 In Öl abgeschreckt, 1000:1

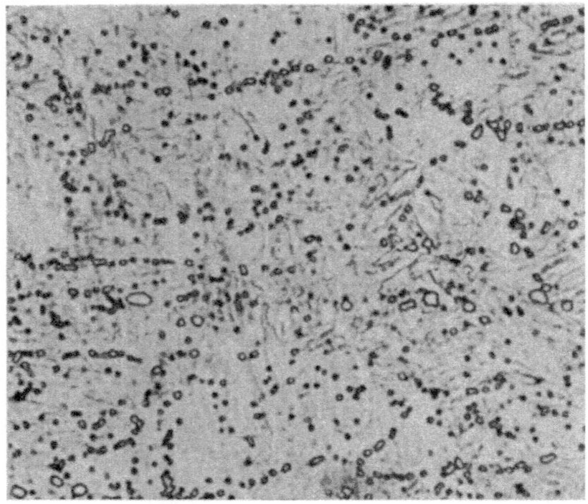

Abb. 12 In Natronlauge abgeschreckt, 1000:1

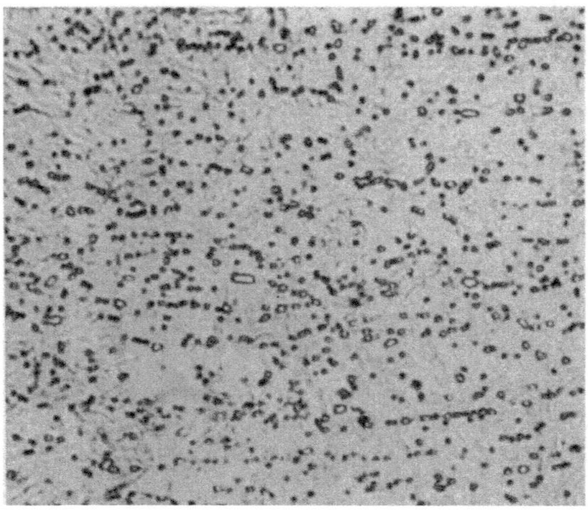

Abb. 13 Warmbad 260° C, 1000:1

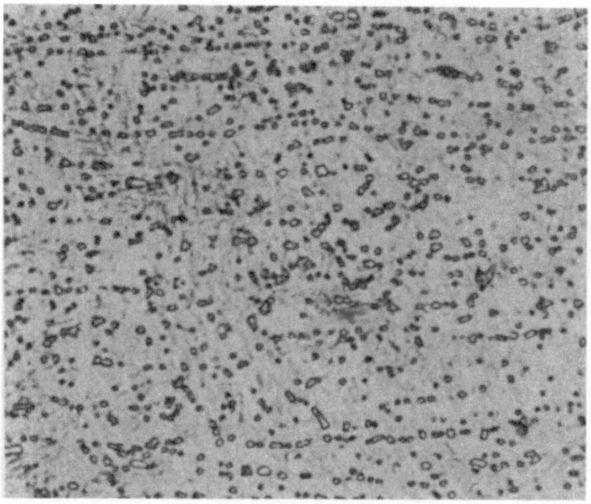

Abb. 14 Warmbad 450° C, 1000:1

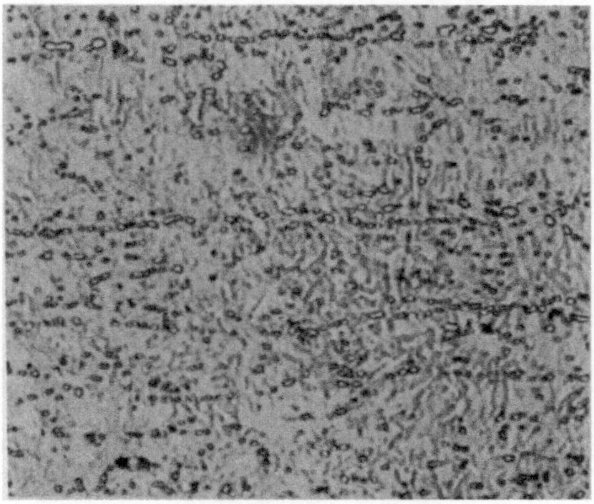

Abb. 15 Warmbad 500° C, 15 min, 1000:1

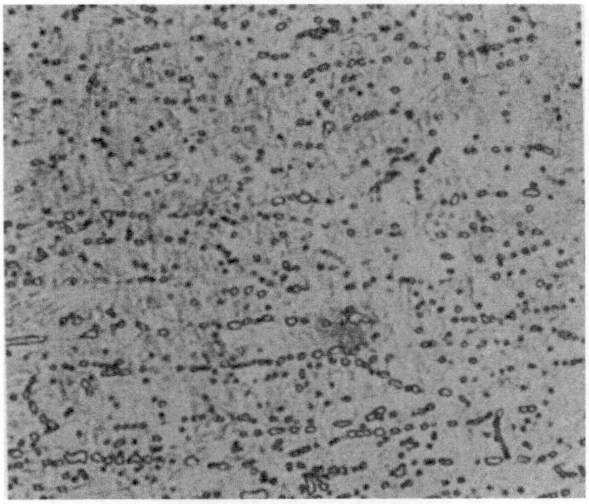

Abb. 16 Warmbad 500° C, 180 min, 1000:1

Abb. 11–16 Gefügeaufnahmen von Proben, die in verschiedenen Abschreckmitteln gehärtet wurden. Härtetemperatur 1045° C, Haltezeit beim Härten 18 min

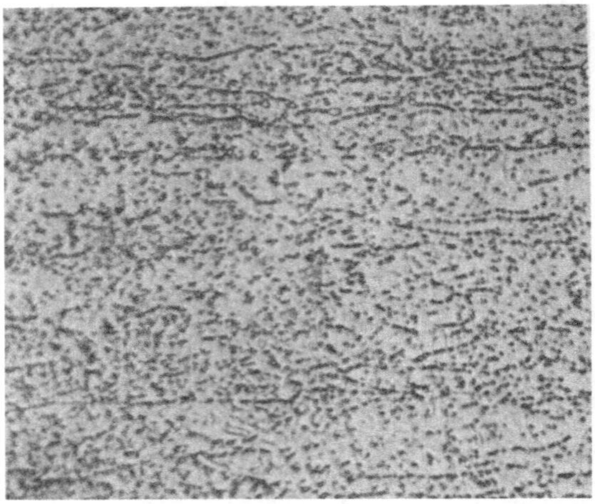

Abb. 17 Unterkühlte Probe, — 78° C, 1000:1, gehärtet 1045° C, 18 min, Öl

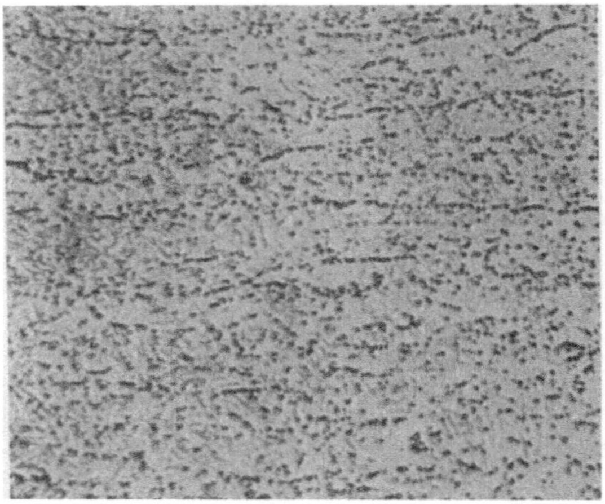

Abb. 18 Unterkühlte Probe, — 78° C, 1000:1, gehärtet 1080° C, 18 min, Öl

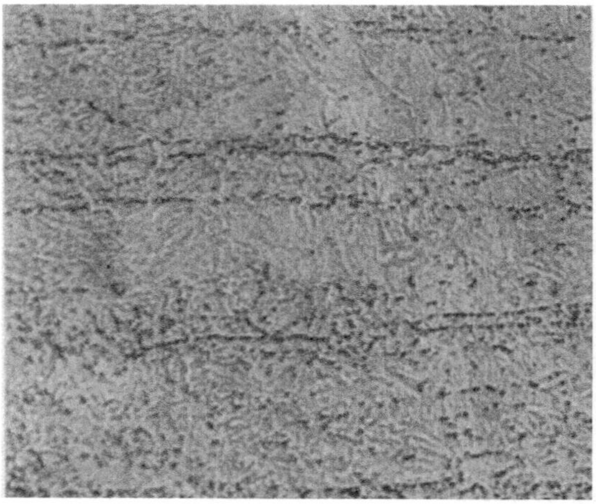

Abb. 19 Unterkühlte Probe, — 78° C, 1000:1, gehärtet 1115° C, 18 min, Öl

IV. Vergleich der verschiedenen Wärmebehandlungsverfahren in ihrem Einfluß auf die technologischen Eigenschaften des Stahles X 40 Cr 13

1. Vom Werkstoff abhängige Einflußgrößen

Ein Vergleich der verschiedenen Wärmebehandlungsverfahren ist um so schwieriger, je größer die Einflüsse sind, die vom Werkstoff ausgehen. Man muß daher zweckmäßig bei der Untersuchung die vom Werkstoff abhängigen Einflüsse scharf von den Einflüssen, die durch die Wärmebehandlung bedingt sind, trennen. Obwohl diese scharfe Gliederung bei der Diskussion der Untersuchungsergebnisse nicht immer einzuhalten ist, erscheint sie doch für die Darstellung zweckmäßig.

1.1. Analysenunterschiede

Vergleicht man die Angaben über die Soll- oder Richtanalysen in den Katalogen der Stahlwerke, so fällt auf, daß sich die Werke zwar recht enge Toleranzen setzen, daß aber weder bei der Analyse noch bei der Härtetemperatur Einigkeit über die für die Messerherstellung günstigsten Bedingungen besteht. Auch in den Werkstoffhandbüchern bzw. den Werkstoffblättern des VDEh finden sich keine einheitlichen Angaben, wie aus der Aufstellung über die Stahlzusammensetzung in der Tab. 1 hervorgeht.

Tab. 1 Sollanalysen für den Stahl X 40 Cr 13

%	1.	2.	3.	4.	5.
C	0,4	0,38–0,43	0,38–0,45	0,4–0,5	0,4
Si	0,4	0,3–0,5	1	1	0,4
Mn	0,3	–	1	1	0,3
Cr	13,0	12,5–13,5	12–14	12–14	13,0

1. Werkstoffhandbuch	Stahl und Eisen 1953, Abschnitt P 75
2. Werkstoffblatt	Stahl und Eisen Nr. 400, 1949, Rostbeständige Stähle
3. Werkstoffblatt	Stahl und Eisen Nr. 400, 1954, Rostbeständige Stähle
4. Werkstoffblatt	Stahl und Eisen Nr. 400, 1960, Rostbeständige Stähle
5. Werkstoffblatt	Stahl und Eisen Nr. 200, 1963, Kaltarbeitsstähle

Betrachtet man das Werkstoffblatt Nr. 400 (Pkt. 2., 3. und 4. der Tabelle), so sieht man, daß die Analysenangaben in der jeweils neuen Ausgabe mehr oder weniger erweitert worden sind. Bei der vielseitigen Verwendbarkeit des rostbeständigen

Chromstahles mag es Gründe zur Rechtfertigung dieser weiten Analysengrenzen geben. Es steht aber auch außer Zweifel, daß man mit diesen weiten Analysengrenzen nicht für alle Zwecke zurecht kommen kann. Für die Schneidwarenherstellung muß man auf jeden Fall eine engere Abgrenzung in der Analyse verlangen.

Die Notwendigkeit dieser Forderung läßt sich aus der Abb. 20 leicht ersehen. Hier sind die Analysen der im Werkstoffuntersuchungsamt der Stadt Solingen untersuchten Messerklingen aus rostbeständigem Stahl X 40 Cr 13 nach drei Zeitabschnitten geordnet aufgetragen. Die Sollanalyse nach Tab. 1, Gruppe 4, ist gestrichelt eingezeichnet. In den Jahren 1949–1952 liegen die Chrom- und Kohlenstoffgehalte häufig bei sehr niedrigen Werten. Ab 1952 sind diese Werte so weit angehoben, daß der größte Teil der Analyse im Sollbereich entsprechend Tab. 1, Gruppe 4, liegt. Es fällt aber auf, daß Chromgehalte unter 13% sehr selten sind. Würde man die Chromgehalte von 12,8 bis 14,3% begrenzen und die bisherigen Kohlenstoffgehalte belassen, so würden die Analysen nach 1952 zu einem sehr hohen Prozentsatz in diesen Bereich fallen.
Es muß hier noch folgendes erwähnt werden. Die für Abb. 20 herangezogenen Analysen wurden für die Beurteilung von Reklamationen erstellt. Aus der verhältnismäßig geringen Zahl der außerhalb des Sollbereiches liegenden Analysen kann man schließen, daß eine fehlerhafte Analyse viel seltener ist, als eine fehlerhafte Behandlung des Werkstoffes.

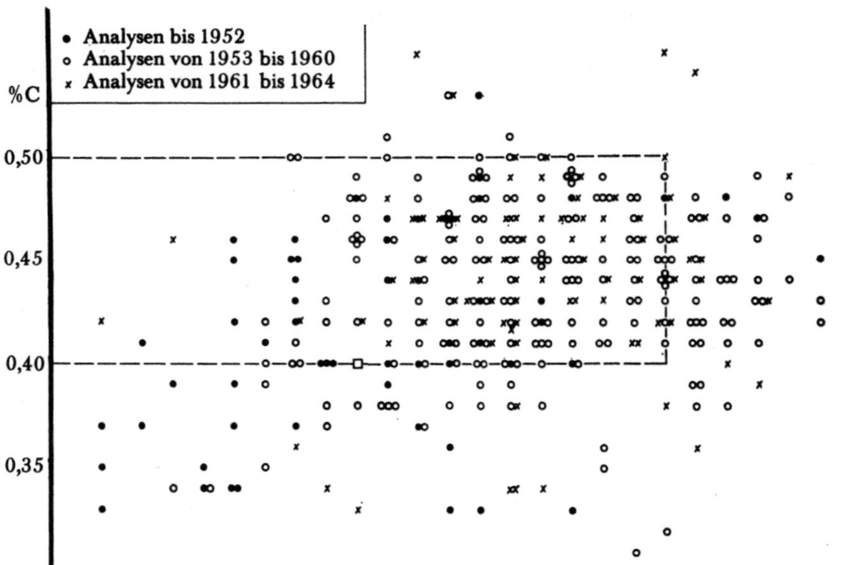

Abb. 20 Analysen des Stahles X 40 Cr 13 aus dem Werkstoffuntersuchungsamt der Stadt Solingen

- - - - Bereich der Sollanalyse laut Stahl-Eisen-Werkstoffblatt 400-60

□ Zusammensetzung des Stahles X 40 Cr 13 laut Werkstoffhandbuch Stahl und Eisen, Abschnitt P 75

Zur Beurteilung des rostbeständigen Stahles auf Härtbarkeit und Korrosionsbeständigkeit ist die Verhältniszahl von Chrom zu Kohlenstoff ein gutes Hilfsmittel. Für die in Abb. 20 eingetragenen Analysen wurde darum der Cr/C-Wert errechnet und nach der Häufigkeit der einzelnen Werte geordnet in Abb. 21 aufgetragen. Vor 1952 ist die Zahl der Analysen für eine solche Darstellung an sich zu klein. Es läßt sich aber doch feststellen, daß das Cr/C-Verhältnis nicht so sehr ungünstig ist, obwohl die Legierungsgehalte an Chrom und Kohlenstoff für eine gute Messerqualität zum Teil zu niedrig sind. Auf die zu niedrigen Legierungsgehalte wurde seinerzeit vom Forschungsinstitut für Schneidwaren immer wieder mit Nachdruck hingewiesen. Auf Grund dieser Einwirkung und der Erfahrungen in der Praxis hat sich nach 1952 eine den Anforderungen besser gerecht werdende Analyse eingebürgert. Seit dieser Zeit liegt das Maximum der Häufigkeitskurve bei einem Cr/C-Verhältnis von 30 bis 31. In den letzten Jahren macht sich bei den von den verschiedenen Stahlwerken gelieferten Stählen die Tendenz zu höheren Kohlenstoffgehalten bei annähernd gleichbleibenden Chromgehalten bemerkbar, also eine Tendenz zu fallenden Cr/C-Verhältnissen, wie sich auch aus Abb. 21 bei einem Vergleich der Werte der Jahre 1953–1960 mit denen der Jahre 1961–1964 erkennen läßt. Bei den in der letzten Zeit für Forschungsarbeiten verwendeten Stählen lag der Kohlenstoffgehalt bei 0,45–0,50% und der Chromgehalt bei 13,5–14,0%. Das mittlere Cr/C-Verhältnis ist in diesem Falle 28,5. Die Entwicklung zu höheren Legierungsgehalten an C und Cr ist auf jeden Fall zu begrüßen. Es besteht jedoch die Gefahr, daß man Härte und Verschleißfestigkeit zu einseitig bevorzugt und somit zu einem für die Korrosionsbeständigkeit ungünstigen Cr/C-Verhältnis kommt. Dabei ist zu berücksichtigen, daß für

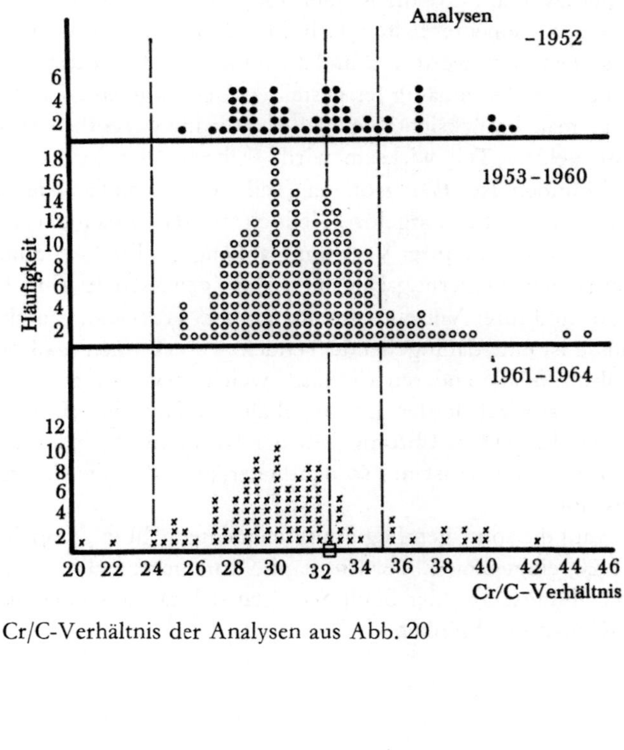

Abb. 21 Cr/C-Verhältnis der Analysen aus Abb. 20

die Härte der Kohlenstoffgehalt maßgebend ist, während die Korrosionsbeständigkeit vom freien Chrom abhängig ist. Über die bei verschiedenen Cr- und C-Gehalten der Chargen erreichten Härten geben die in der Tab. 2 aufgeführten Werte Auskunft.

Tab. 2

Lfd. Nr.	% C	% Cr	Cr/C	Härte HRC 1	2	3
1	0,48	13,4	28,0	59	59	59
2	0,49	13,7	28,0	58	57	58
3	0,48	14,0	29,1	57	58	57,5
4	0,48	14,1	29,4	57	57	57,5
5	0,49	14,5	29,6	57	56,5	55,5
6	0,41	13,8	33,6	58	54	54,5
7	0,44	13,7	31,2	55,5	56	56,5
8	0,47	13,8	29,3	57,5	57	57
9	0,47	13,7	29,1	57,5	57	58
10	0,49	13,7	28,0	58	57	58

In der Tab. 2 sind 10 verschiedene Chargen aufgeführt, die alle von 1045°C abgehärtet wurden. Die Härtebestimmung erfolgte an jeweils 3 Proben. Die Chargen sind so zusammengestellt, daß in der ersten Gruppe 1–5, die Chromgehalte und in der zweiten 6–10, die Kohlenstoffgehalte unterschiedlich sind. Die sonstigen Legierungselemente halten sich in vergleichbaren Größen. Die in Rockwell gemessenen Härtewerte 1, 2 und 3 sind jeweils die Mittelwerte aus fünf Messungen. Bei den analysenmäßig festgestellten Gesamtgehalten an Chrom und Kohlenstoff muß man berücksichtigen, daß davon im wesentlichen nur der in der Grundmasse gelöste Teil wirksam wird, während der Rest in Form von Chromkarbid gebunden ist. Ein größerer Teil der Chromkarbide wird beim Halten auf Härtetemperatur aufgelöst. Jedoch ist das Lösungsverhalten der Karbide von ihrer Größe und ihrer Verteilung abhängig. Hinzu kommt, daß auch die weniger wirksamen Legierungselemente einen gewissen Einfluß haben, der von ihrem Gehalt und ihrer Verteilung abhängig ist. Trotz dieser nicht kontrollierbaren Einflüsse ist eine dahingehende Tendenz zu erkennen, daß der Einfluß des Cr/C-Verhältnisses alle anderen Einflüsse weit überwiegt. Steigt bei gleichbleibendem Kohlenstoffgehalt der Chromgehalt, so fällt die Härte ab. Steigt dagegen bei gleichbleibendem Chromgehalt der Kohlenstoffgehalt, so steigt der Härtewert an. Diese Tendenz ist um so deutlicher, je größer die Unterschiede im Cr/C-Verhältnis sind.

Leider kann hier auf die sonstigen Legierungselemente nicht in der gleichen Form wie oben, Abb. 20, eingegangen werden, da die dort untersuchten Analysen des Werkstoffuntersuchungsamtes der Stadt Solingen sich fast ausschließlich auf den C- und den Cr-Gehalt beschränken.

Bei allen Untersuchungen hat es sich gezeigt, daß eine starke Differenz im Siliziumgehalt immer zu unterschiedlichen Härteannahmen führt. Und zwar ergeben sich jeweils für die Werkstoffe mit dem hohen Si-Gehalt die niederen Härtewerte. Ein Beispiel hierfür mögen die in Tab. 3 aufgeführten beiden Chargen mit den erzielten Härtewerten geben.

Tab. 3

Charge	C	Si	Mn	Cr	HRC 1	HRC 2	HRC 3
C'	0,46	0,08	0,33	13,5	59	59	59,5
P'	0,46	0,59	0,39	13,6	57	58	58

Es ergibt sich damit bei der Verwendung des Chromstahles als Messerstahl ein ungünstiger Einfluß des erhöhten Si-Gehaltes. Ob sich ein erhöhter Si-Gehalt in den hier zulässigen Prozentgehalten auf die Biegefestigkeit und die Biegewechselfestigkeit des Stahles X 40 Cr 13 auswirkt, soll in einer noch durchzuführenden Arbeit zu diesem Thema geklärt werden.
Ein meßbarer Einfluß des Mn-Gehaltes auf die Härteannahme konnte nicht festgestellt werden, da nach den Analysen aus den bisherigen Untersuchungen des Forschungsinstitutes bei über 90 Chargen praktisch nur Mn-Gehalte von 0,5% ermittelt wurden. Der durch das Werkstoffblatt »Stahl und Eisen« Nr. 400-60 gegebene Analysenbereich wird also auch hier von den Stahlwerken zur oberen Analysenbegrenzung hin nicht ausgenutzt.
Grundsätzlich erweitert Mangan auch bei Chromstählen das γ-Gebiet. Mangan ist in dieser Beziehung allerdings nicht so wirksam wie Nickel, das man wegen der Gefahr erhöhter Restaustenitbildung beim Härten im allgemeinen im Chromstahl vermeiden sollte.
Bei besonderen Ansprüchen an die Verschleißfestigkeit und die Korrosionsbeständigkeit haben sich teilweise Zusätze an Molybdän bewährt. Eine höhere Verschleißfestigkeit bringt aber nicht nur Vorteile, wie z. B. durch Erhöhung der Schneidhaltigkeit. Als Nachteil ergibt sich eine Erhöhung der Verarbeitungskosten und ein Erschweren des Nachschärfens von Schneidwaren mit den üblichen Wetzstählen. Letzteres kann als einer der Gründe angesehen werden, der zu der unrichtigen, aber beim Verbraucher von Schneidwaren immer noch weitverbreiteten Meinung führt, daß Klingen aus rostbeständigem Stahl eine ungenügende Schneidfähigkeit hätten.

1.2. Gefügeausbildungen

Die hohe Schneidhaltigkeit des rostbeständigen 13%igen Chromstahles beruht im wesentlichen darauf, daß bei entsprechendem Kohlenstoffgehalt in großer Zahl hochverschleißfeste Chromkarbide gebildet werden, die zusammen mit dem,

Charge A

Abb. 22

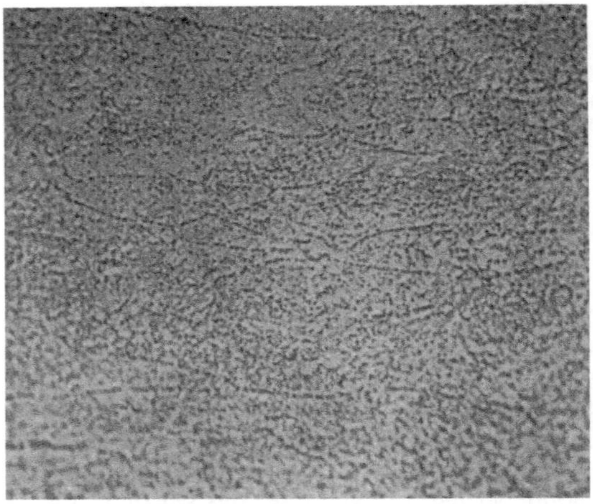

Glühgefüge, 1000:1

Abb. 23

Glühgefüge, 250:1

Abb. 24

Härtungsgefüge, 250:1

Charge N′

Abb. 25 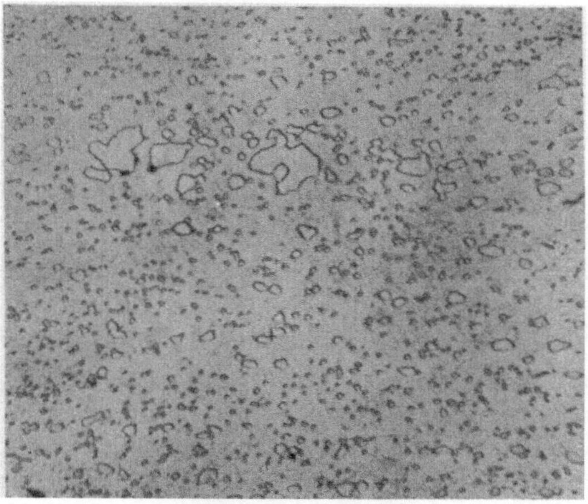

Glühgefüge, 1000:1

Abb. 26 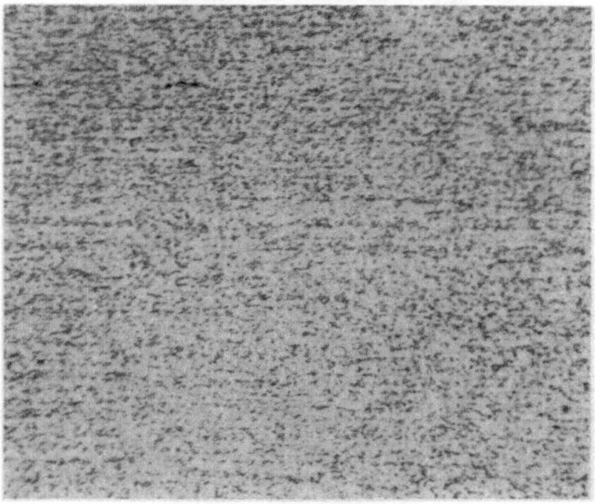

Glühgefüge, 250:1

Abb. 27 

Härtungsgefüge, 250:1

durch Härten erzielten, harten martensitischen Grundgefüge eine gute Verschleißfestigkeit ergeben. Die Größe und die Anordnung der Karbide ist teilweise durch die Art der Herstellung des Rohstahles und durch seine Weiterverarbeitung zur Klinge gegeben. Das bedeutet, daß bei einer späteren Wärmebehandlung der Messerklingen Karbide bestimmter Größe vorliegen, die praktisch nur im Sinne einer Auflösung beeinflußt, also nur verkleinert oder ganz beseitigt werden können (dazu auch Abschnitt IV., 2.1.).

Die Abb. 22–27 zeigen Aufnahmen vom Glüh- und Härtungsgefüge zweier Chargen. Die recht feinen Karbide in Abb. 22, Charge A, sind weitgehend gleichmäßig verteilt, markieren jedoch zum Teil die Primärkorngrenzen. Eine Zeiligkeit ist zwar bei der starken Vergrößerung von 1000:1 nicht zu erkennen, tritt aber bei kleinerer Vergrößerung, wie in Abb. 23 und 24, 250:1, sowohl im geglühten, als auch im gehärteten Zustand deutlich hervor. Die Abb. 25, Charge N', gibt ein Beispiel für das Auftreten sehr großer Karbide und einer noch bei 1000facher Vergrößerung erkennbaren Zeiligkeit. Bei 250facher Vergrößerung tritt dann die Zeiligkeit in Abb. 26 und 27 ganz deutlich hervor.

Wie schon weiter oben ausgeführt, ist das Vorhandensein der Karbide nicht nur für die Verschleißfestigkeit, sondern auch für die erreichbare Härte, die Feinheit des Härtungsgefüges und die Korrosionsbeständigkeit von Bedeutung. Je nach Temperatur und Haltezeit wird beim Härten mehr oder weniger von den im Chromkarbid gebundenen Legierungsanteilen freigesetzt. Die dabei stattfindende Erhöhung des Kohlenstoffgehaltes in der Grundmasse führt zu einer höheren Härteannahme, während die gleichzeitige Erhöhung des C- und Cr-Gehaltes einerseits die Korrosionsbeständigkeit verbessert, andererseits aber nach dem Überschreiten eines Grenzwertes die Härteannahme verschlechtert, da sie die Bildung von Restaustenit begünstigt.

Eine Grobkornbildung mit ihren zum Teil nachteiligen Folgen ist auch bei hohen Härtetemperaturen und langen Haltezeiten beim Härten nicht zu befürchten, solange nicht nahezu alle Karbide gelöst sind.

2. Durch die Wärmebehandlung bedingte Einflußgrößen

2.1. Temperaturen und Haltezeiten beim Härten

In der Schneidwarenfertigung ist die Härte der Schneidwaren eine wesentliche, wenn auch nicht die alleinige Größe zur Qualitätsbewertung. Die anderen Größen, wie Schneidfähigkeit bzw. Schneidhaltigkeit und Korrosionsbeständigkeit sind nicht so einfach zu messen und werden darum in der Praxis oft nicht ermittelt. Das führt, insbesondere in bezug auf die Korrosionsbeständigkeit immer wieder zu berechtigten Beanstandungen.

Den größten Einfluß auf die Härte hat die Härtetemperatur. Während letztere bei den Kohlenstoffstählen in einem ziemlich engen Bereich gehalten werden muß, ergibt sich bei den legierten, besonders den hochlegierten Stählen, ein erweiterter

Bereich der Härtetemperatur, sofern nur eine ausreichende Härteannahme erzielt werden soll. Bei dem hier besprochenen 12–14%igen Chromstahl kann man dabei den gleichen Härtewert bei Anwendung sehr unterschiedlicher Kombinationen von Härtetemperatur und Haltezeit erreichen.
Um den Einfluß der Härtetemperatur für sich bewerten zu können, wurden für eine große Zahl von Chargen aus rostbeständigem Stahl Härtekurven aufgestellt. Dabei wurde eine mittlere Haltezeit von 18 min und eine Abschrekkung in Öl zugrunde gelegt. Eine typische Härtekurve für zwei in der Analyse ähnliche Chargen zeigt Abb. 28. Von 950 bis 1050°C steigt die Härte mit der

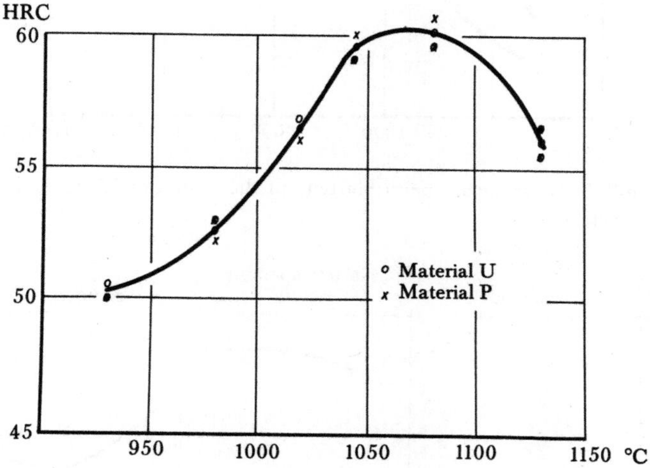

Abb. 28 Härte–Härtetemperaturkurve zweier Stähle vom Typ X 40 Cr 13

Härtetemperatur an, erreicht bei etwa 1070°C das Maximum und fällt dann wieder ab. Auch bei Erwärmung über 1070°C kommt es zunächst noch nicht zur Kornvergröberung. Der Härteabfall über 1070°C ist im wesentlichen nur durch Anstieg des Gehaltes an Restaustenit bedingt. So konnte im Abschnitt III gezeigt werden, daß durch eine Unterkühlung unter Raumtemperatur, die den größten Teil des Restaustenits in Martensit umwandelt, auch bei den höchsten Härtetemperaturen Härten erhalten werden, die über denen der normalen Härtung von 1045°C liegen (Abb. 6 und 7).
Den Einfluß der Haltezeit beim Härten macht Abb. 29 deutlich. Bei 24 min Haltezeit steigt die Härte mit der Härtetemperatur stärker als bei 6 min Haltezeit an, und das Maximum, das dieselbe Höhe hat wie bei 6 min Haltezeit, wird eher erreicht. Nach dem Überschreiten der für jede Haltezeit typischen optimalen Härtetemperatur fällt die Härte wieder ab. Bewegt man sich mit der Härtetemperatur vor dem Maximum der Härtekurve, so bekommt man, wenn man die Haltezeiten nicht genau einhält, starke Streuungen in der Härte. Das gleiche gilt, wenn zu hohe Härtetemperaturen angewendet werden. Erst bei einer mittleren Härtetemperatur in der Nähe des Härtemaximums wird der Haltezeiteinfluß

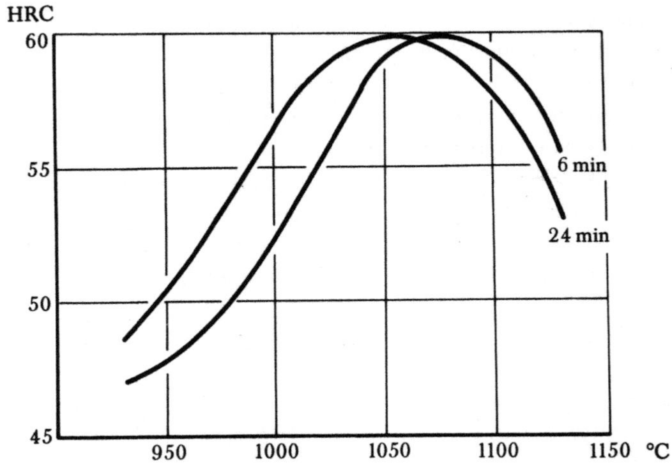

Abb. 29 Einfluß der Haltezeit beim Härten auf die Lage der Härte-Härtetemperaturkurven

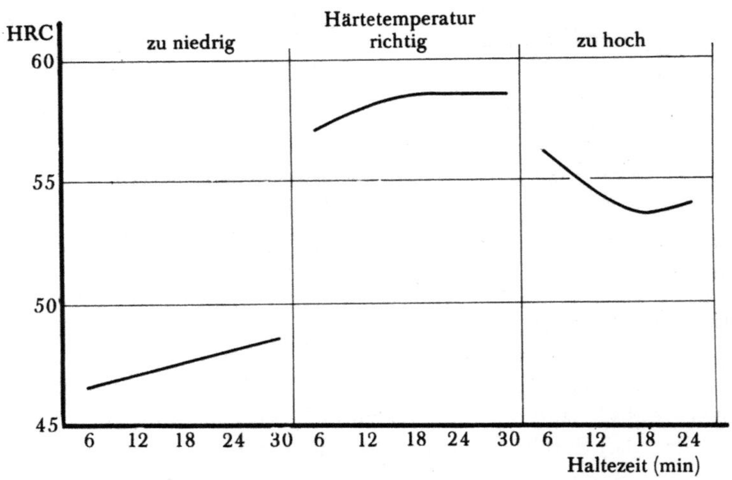

Abb. 30 Schematische Darstellung des Haltezeiteinflusses bei verschiedenen Härtetemperaturen

geringer. In Abb. 30 ist der Haltezeiteinfluß für eine niedrige (ca. 930° C), eine mittlere (ca. 1045° C) und eine hohe Härtetemperatur (ca. 1130° C) auf Grund einer Großzahl von Meßergebnissen schematisiert aufgetragen. Wie sich die Wahl einer optimalen Härtetemperatur in der Gleichmäßigkeit der Härteannahme äußert, zeigt Abb. 31. Hier ist der prozentuale Anteil der Streuungen über 1,5 HRC für die verschiedenen Härtetemperaturen aufgetragen worden. Die ermittelten Streuungen ergaben sich bei den Versuchshärtungen trotz sehr genauer Einhaltung gleicher Versuchsbedingungen. Das Minimum der Streuungen ergibt

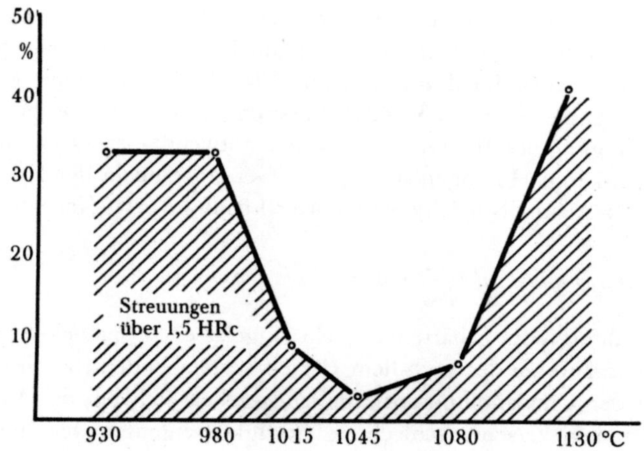

Abb. 31 Abhängigkeit der Streuungen der Härtewerte von der Härtetemperatur

sich für 1045° C. Hier liegen somit die günstigsten Härtebedingungen vor. Die in Abb. 31 aufgeführten Werte wurden nach Härtungen mit jeweils 18 min Haltezeit erhalten. Es ist anzunehmen, daß ähnlich geringe Streuungen auch dann noch erhalten werden, wenn man bei Verringerung der Haltezeiten auf etwas höhere Härtetemperaturen als 1045° C übergeht. Da die gehärteten Stahlwaren noch eine nachfolgende Anlaßbehandlung erfahren, soll auf die Ermittlung der Schneidfähigkeit und Schneidhaltigkeit erst im nächsten Abschnitt eingegangen werden.

Der Zusammenhang der Korrosionsbeständigkeit mit der Härtetemperatur ist auch bei den gehärteten und noch nicht angelassenen Teilen interessant. In Abb. 32 sind je eine Kurve der Härte und der Korrosionsbeständigkeit in Ab-

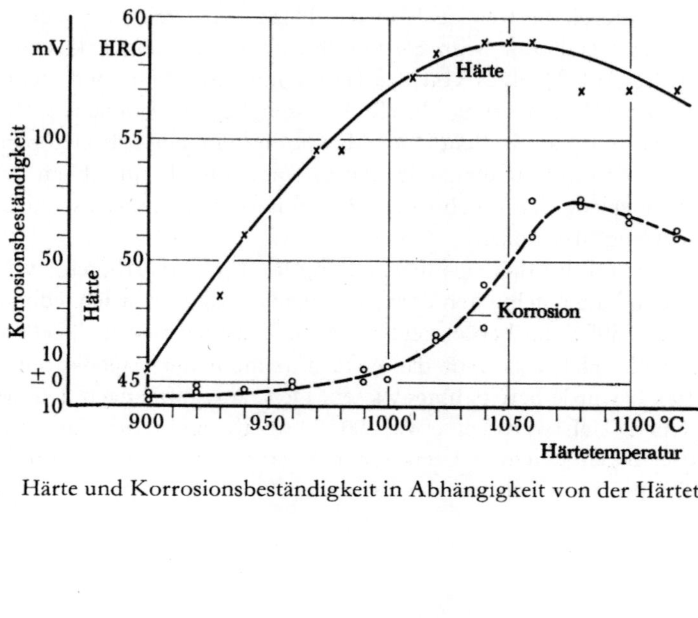

Abb. 32 Härte und Korrosionsbeständigkeit in Abhängigkeit von der Härtetemperatur

hängigkeit von der Härtetemperatur aufgetragen. Aus den Kurven ergibt sich, daß die Korrosionsbeständigkeit viel später mit Erhöhung der Härtetemperatur zu höheren Werten aufsteigt als die Härte, und daß das Maximum der Korrosionsbeständigkeit erst bei einer um 30–40° C höheren Härtetemperatur erreicht wird, als sie zur Erlangung des Maximums der Härte notwendig ist. Der Grund hierfür liegt in der stärkeren Homogenisierung des Gefüges und in der Erhöhung des Cr-Gehaltes des Austenits infolge vermehrter Lösung der Cr-Karbide.

2.2. Temperaturen und Haltezeiten beim Anlassen

Eine Verwendung von gehärteten, nicht angelassenen Schneidwaren erfolgt praktisch nicht. Infolge der nach dem Härten verbleibenden thermischen Spannungen und der Umwandlungsspannungen ergeben sich bei der Verwendung in unangelassenem Zustand schlechtere Festigkeitseigenschaften, insbesondere eine niedrigere Elastizitätsgrenze. Im ungünstigsten Falle können die inneren Spannungen ohne die Mitwirkung zusätzlicher Belastung zu Rissen und somit zur Zerstörung des Werkstückes führen.

Man muß also in jedem Falle eine Anlaßbehandlung durchführen. Das mindeste ist ein Entspannen bei 100° C mit langer Haltezeit. Häufig werden jedoch überhöhte Anlaßtemperaturen gewählt, um die Haltezeit verkürzen zu können.

Daß nicht nur der Abbau der inneren Spannungen des Werkstückes durch langzeitiges Anlassen bei niedrigen Temperaturen möglich ist, sondern auch zumindest eine teilweise Umwandlung von Restaustenit erfolgt, zeigt sich bei Härteprüfungen und zum Teil auch bei den weiter unten erwähnten Biegefestigkeitsprüfungen. Betrachtet man in Abb. 33 die Härteänderungen durch Anlassen (Anspringhärte ist jeweils gleich Null gesetzt), so fällt als erstes die Härtesteigerung bei niedrigen Anlaßtemperaturen ins Auge, die bei einer Temperatur von 110 bis 130° C ihr Maximum hat. Dabei wird auch hier das Maximum bei der langen Haltezeit beim Anlassen bei niedriger Anlaßtemperatur erreicht als bei der kurzen Haltezeit und ist auch in der Höhe der erreichten Werte von der Temperatur und Haltezeit beim Härten abhängig. In Abb. 34 kommt die Abhängigkeit des Anlaßeffektes von der Härtetemperatur besonders deutlich zum Ausdruck. Die Härteänderung durch Anlassen bei verschiedenen Härte- und Anlaßtemperaturen hat ein deutliches Maximum bei einer Härtetemperatur von 1045° C, d. h., daß mit zunehmender Anlaßtemperatur die in Abhängigkeit von der Härtetemperatur sich ergebenden Härteunterschiede zunächst zu und dann wieder ein wenig abnehmen.

Im allgemeinen erfolgt die Anlaßbehandlung im Temperaturbereich von 100 bis 200° C. Bei den Untersuchungen über das Anlaßverhalten wurden jedoch Temperaturen bis zu 550° C mit berücksichtigt. Abb. 35 zeigt typische Anlaßkurven für 15 und 300 min Haltezeit. Auf das erste Maximum der Anlaßkurve zwischen 100 und 150° C wurde bereits hingewiesen. Der Härteabfall nach dem Maximum erreicht seinen Tiefstwert bei etwa 300° C Anlaßtemperatur. Dann steigt die Härte wieder bis zu einem zweiten Maximum bei 450–500° C an, um darauf bei höheren Temperaturen sehr schroff abzufallen.

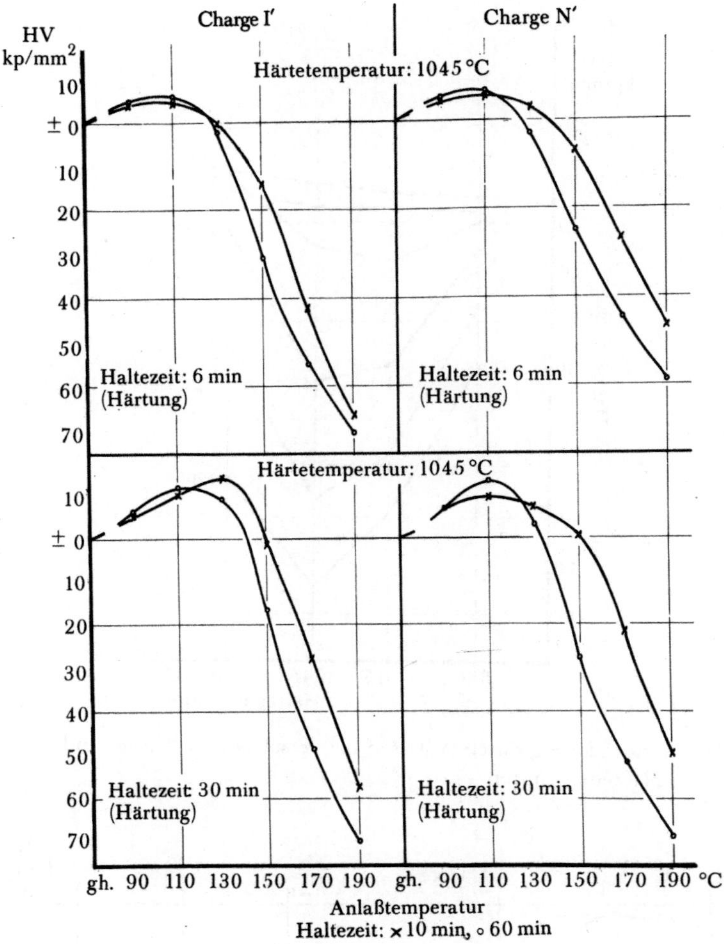

Abb. 33 Härteänderung durch Anlassen nach unterschiedlicher Haltezeit beim Härten und Anlassen von Stahl X 40 Cr 13

Der Einfluß der Haltezeit läßt sich aus Abb. 35 entnehmen. Er äußert sich in erster Linie in einer Verschiebung der Anlaßkurve in Richtung zu niederen Anlaßtemperaturen bei längeren Zeiten. Noch deutlicher wird der Haltezeiteinfluß in Abb. 36. Hier sind die Härtewerte aus Abb. 35 über der Haltezeit mit den Anlaßtemperaturen als Parameter aufgetragen. Jede Abweichung der Härtekurven von der Waagerechten besagt, daß hier die Haltezeit, unterschiedlich für die verschiedenen Anlaßtemperaturen, wirksam wird.
Eine Abhängigkeit des Anlaßverhaltens von Analysenunterschieden konnte nicht nachgewiesen werden. Das kann auf zu geringe Unterschiede in den Analysen der untersuchten handelsüblichen Stähle zurückgeführt werden. Dagegen besteht eine gewisse Abhängigkeit zwischen der Härtetemperatur und dem Anlaßver-

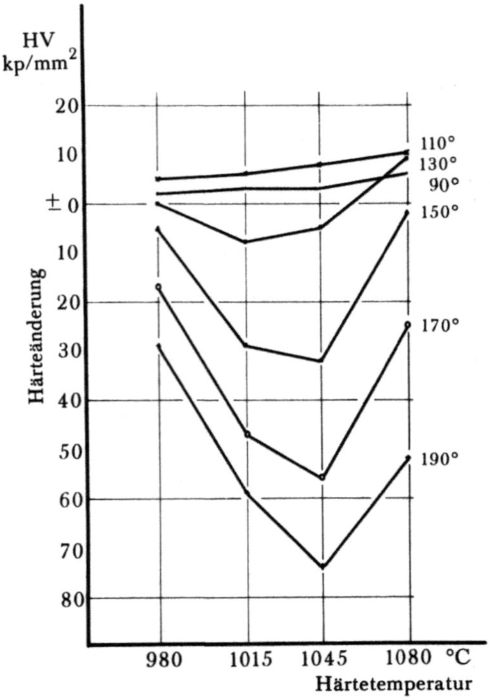

Abb. 34 Härteänderung durch Anlassen bei verschiedenen Härte- und Anlaßtemperaturen

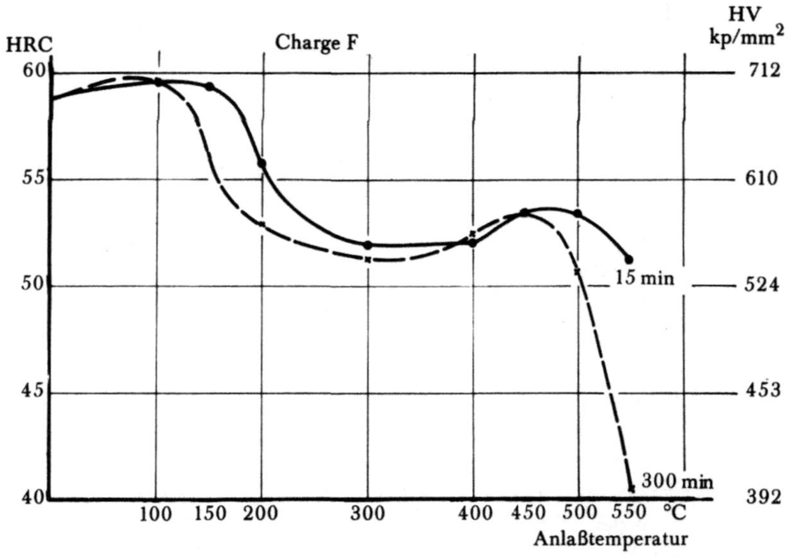

Abb. 35 Anlaßhärte-Anlaßtemperatur-Kurven für zwei Haltezeiten

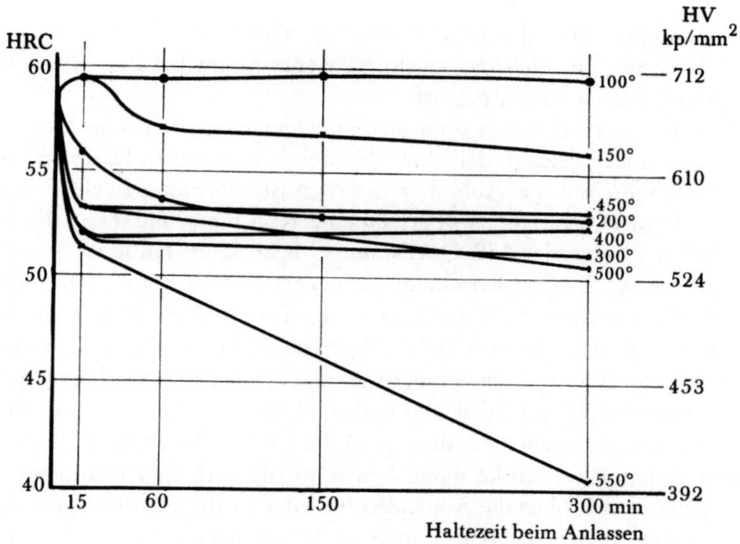

Abb. 36 Einfluß der Haltezeit beim Anlassen
Härtetemperatur 1045° C, 18 min

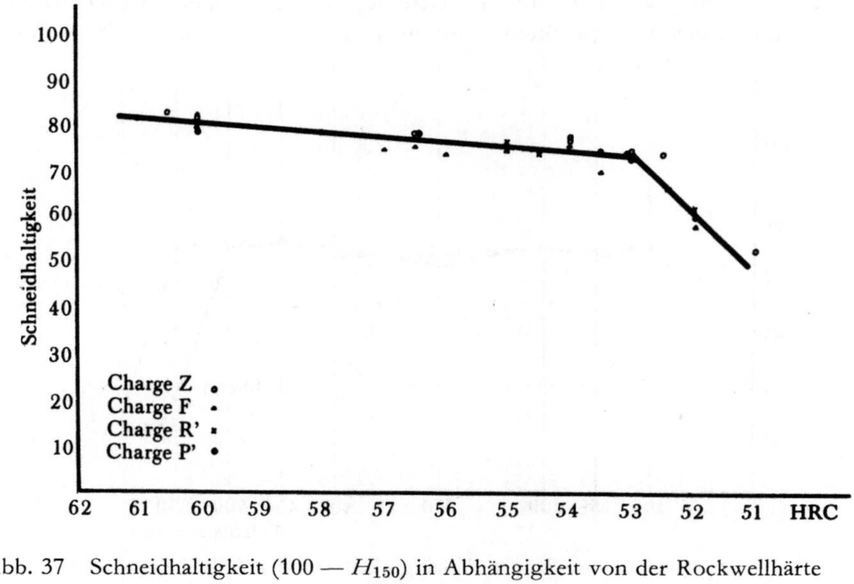

Abb. 37 Schneidhaltigkeit (100 — H_{150}) in Abhängigkeit von der Rockwellhärte

halten. Betrachtet man die Anlaßkurven in Abb. 6 und 7, so sieht man, daß sowohl das erste, als auch das zweite Härtemaximum bei den höheren Härtetemperaturen stärker ausgeprägt ist.

Bei früheren Untersuchungen über die Schneideigenschaften von Messerklingen [2] und [4], hat sich gezeigt, daß eine Abhängigkeit zwischen Härte und Schneidhaltigkeit besteht. Wie aus Abb. 37 zu ersehen ist, fällt die Schneidhaltigkeit, die als 100 — H_{150} definiert ist, wobei 100 eine Konstante und H_{150} die Zahl der zum Durchschneiden des 150. Querschnittes benötigten Hübe ist, mit fallender Härte nur wenig ab. Erst bei einem Härtewert von 52 bis 53 HRC knickt die Schneidhaltigkeitskurve stark nach unten ab. Diese Abhängigkeit wurde zuerst für Proben ermittelt, die von 1045°C gehärtet und unterschiedlich angelassen worden waren. Wie aus den eingetragenen Versuchswerten hervorgeht, sind geringe Streuungen vorhanden, die evtl. von anderen Einflüssen als der Härte herrühren können, die aber mit dem gewählten Schneidprüfverfahren nicht mehr eindeutig getrennt werden konnten. Später wurde auch an von anderen Temperaturen gehärteten Proben die Schneidhaltigkeit geprüft, und die dabei ermittelten Werte mit den Werten der Kurve in Abb. 37 verglichen. Allgemein wurde eine gute Übereinstimmung festgestellt. Nur bei Härtungen mit über dem Härtemaximum liegenden Härtetemperaturen ergaben sich Abweichungen, die sich allein durch den für die Schneidhaltigkeit besonders nachteiligen Restaustenit erklären lassen. Somit ist die Härtung mit sehr hohen Temperaturen eine Bedingung, bei der die Abhängigkeit nach Abb. 37 keine Gültigkeit mehr hat. Allerdings ist das die einzige, bisher festgestellte Ausnahme.

Ein entsprechender Zusammenhang zwischen der Härte und Korrosionsbeständigkeit konnte nicht nachgewiesen werden. Die Korrosionsbeständigkeit hängt viel mehr wesentlich von der Härtetemperatur ab und wird durch das Anlassen weniger beeinflußt als die Härte. Man sieht aus der Abb. 38, daß die Korrosionsbeständigkeit erst bei Anlaßtemperaturen abfällt, die um ca. 50–100°C höher

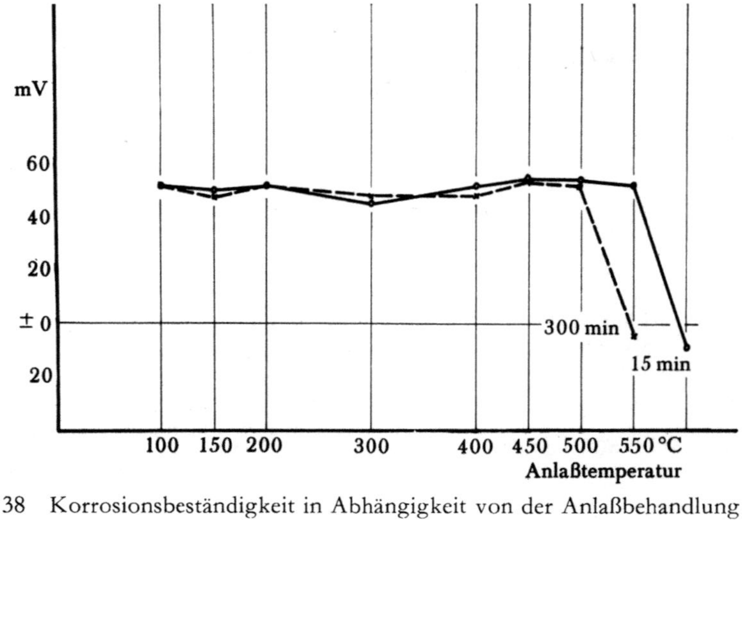

Abb. 38 Korrosionsbeständigkeit in Abhängigkeit von der Anlaßbehandlung

liegen, als sie zum Erreichen des zweiten Härtemaximums (Abb. 35) notwendig waren. Das bedeutet, daß man in der Praxis beim Anlassen auf die Einhaltung hoher Korrosionsbeständigkeit nicht besonders zu achten braucht.
Daß bei der Beurteilung der Korrosionsbeständigkeit nicht die erreichte Härte allein maßgebend ist, sondern weit mehr noch, wie dieser Wert erreicht wurde, geht aus dem Folgenden hervor.
Aus einer Charge wurden 2×3 Proben auf jeweils 52,5 HRC gehärtet und angelassen. Diese 52,2 HRC ergaben sich bei der ersten Probengruppe durch Härten aus einer Härtetemperatur von 980° C und einstündigem Entspannen in kochendem Wasser. Bei der zweiten, von 1045° C gehärteten Probengruppe, wurde nach dem Härten ein Härtewert von ca. 57 HRC gemessen. Durch stufenweises Anlassen mit zwischengeschalteten Härteprüfungen wurde diese Probengruppe ebenfalls auf 52,5 HRC gebracht. Aus Abb. 39 geht hervor, daß in der Schneidhaltigkeit die von niedriger Temperatur gehärteten Proben einen kleinen Vorteil aufweisen, während sie in der Korrosionsbeständigkeit gegenüber den von hoher Temperatur gehaltenen Proben stark abfallen. Es wird bei den von 980° C gehärteten Proben nur ein Potentialwert von + 10 mV erreicht, der nur unter den günstigsten Bedingungen im praktischen Gebrauch für eine Beständigkeit ausreichen würde.

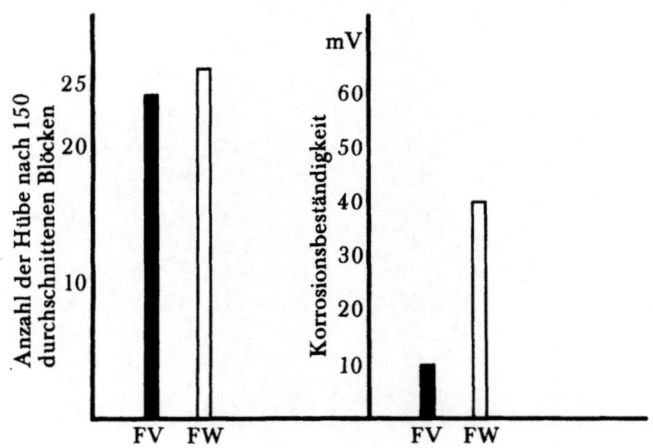

Abb. 39 Schneidhaltigkeit und Korrosionsbeständigkeit von Proben gleicher Härte, jedoch unterschiedlicher Wärmebehandlung

Aus den Abb. 40 und 41 läßt sich im Gefüge der beiden Probengruppen kein wesentlicher Unterschied feststellen, abgesehen von der unterschiedlichen Karbidlösung infolge der unterschiedlichen Härtetemperatur. Mit der höheren Menge an ungelösten Karbiden der von 980° C gehärteten Proben läßt sich vielleicht ihre bessere Schneidhaltigkeit erklären.
Als weitere wichtige technologische Eigenschaft neben Härte, Schneidhaltigkeit und Korrosionsbeständigkeit ist besonders bei Tafelmesserklingen die Biege-

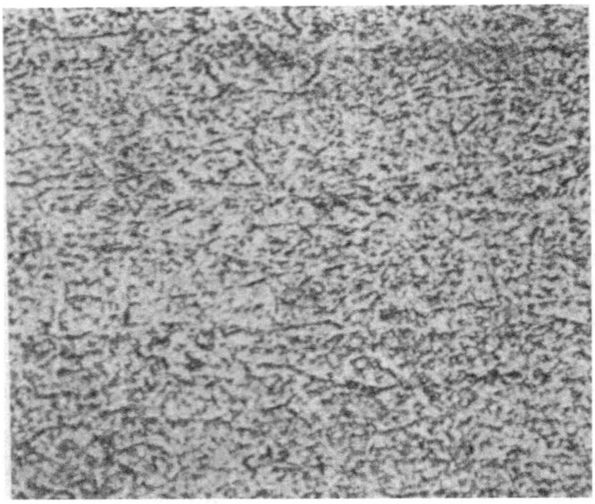

1000:1

1000:1

Abb. 40 und 41 Gefüge von FV und FW

festigkeit anzusehen. Diese konnte im Rahmen der bisherigen Untersuchungen nicht in dem gebührenden Maße berücksichtigt werden. Die bei den ersten Versuchen erzielten Ergebnisse sind jedoch so interessant, daß weitere Untersuchungen im Rahmen einer gesonderten Forschungsarbeit durchgeführt werden sollen. Es soll daher hier nur in Abb. 42 die Abhängigkeit der Härte und Elastizitätsgrenze von der Anlaßtemperatur wiedergegeben werden. Es zeigt sich, daß das Maximum der Elastizitätsgrenze mit dem zweiten Maximum der Härte bei 450° C Anlaßtemperatur zusammenfällt. Das bedeutet, daß mit den höheren Anlaßtemperaturen ein erheblich erweiterter elastischer Bereich zur Verfügung steht.

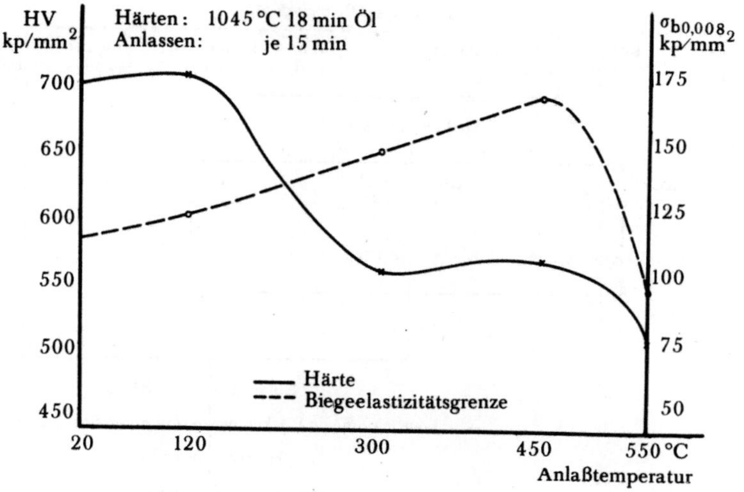

Abb. 42 Härte und Biegeelastizitätsgrenze in Abhängigkeit von der Anlaßtemperatur

3. Einfluß der mechanischen Verarbeitung

Der Einfluß der mechanischen Verarbeitung des Stahles bei der Klingenherstellung soll hier nur kurz gestreift werden, da hierüber in einem Forschungsbericht – siehe [5] – ausführlich berichtet wurde.
Die Untersuchungen erstreckten sich besonders auf den Einfluß der unterschiedlichen Herstellungsverfahren, wie Schmieden, Walzen und Breiten, Abb. 43. Als Ergebnis dieser Arbeiten konnten folgende Feststellungen getroffen werden:
Unterschiede ergaben sich bei den nach verschiedenen Verfahren hergestellten Messerklingen hauptsächlich in der Gefügeausbildung, bedingt durch eine unterschiedliche Warmformgebung bei unterschiedlichem Vormaterial. Diese Unterschiede wurden zwar durch die Wärmebehandlung nicht vollkommen beseitigt, jedoch konnte ein Einfluß auf die Schneidfähigkeit bzw. Schneidhaltigkeit und die Korrosionsbeständigkeit nicht mehr festgestellt werden. Von größerem Einfluß zeigten sich Ungleichmäßigkeiten in der Behandlung, wie sie in der Fertigung auftreten. Besonders groß ist der Einfluß der durch Schleifen, Pließten und Polieren erzeugten Oberfläche auf die Korrosionsbeständigkeit. So muß man bei der Beurteilung der Ergebnisse aus den Korrosionsbeständigkeitsprüfungen berücksichtigen, daß diese an Proben vorgenommen werden, die vorher mit Schmirgel der Körnung 120 vorsichtig geschliffen wurden, um so eine bestimmte, von Probe zu Probe gleiche Oberflächenrauhigkeit, zu bekommen. Andere Oberflächenrauhigkeiten ergeben dabei andere Potentialwerte, und zwar wird der Potentialwert und damit auch der Wert für die Korrosionsbeständigkeit mit abnehmender Rauhtiefe der geprüften Oberfläche besser, siehe Abb. 44. Die größte Steigerung in der Korrosionsbeständigkeit ergibt sich, wenn man bei der geschliffenen Oberfläche auf Rauhtiefen unter 1 μm kommt. Obwohl man in

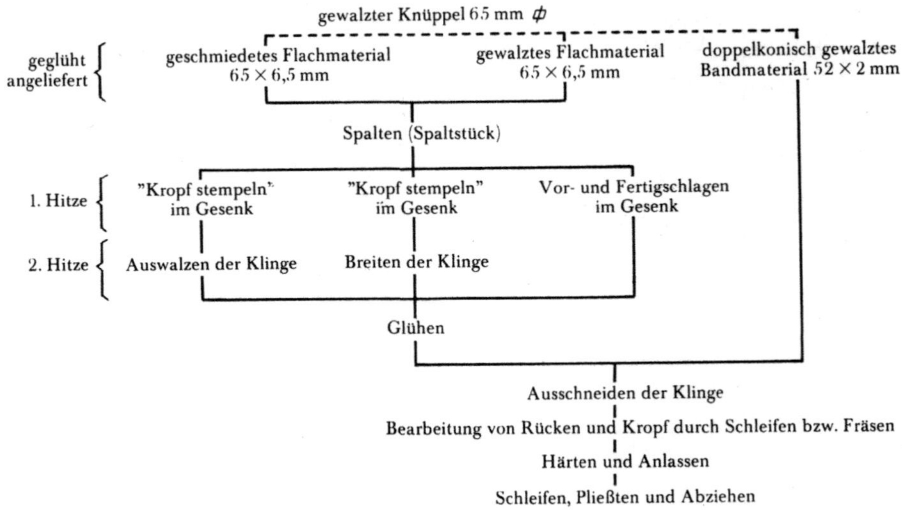

Abb. 43 Schematische Darstellung des Fertigungsablaufs der verschiedenen Herstellungsverfahren für Schneidwaren

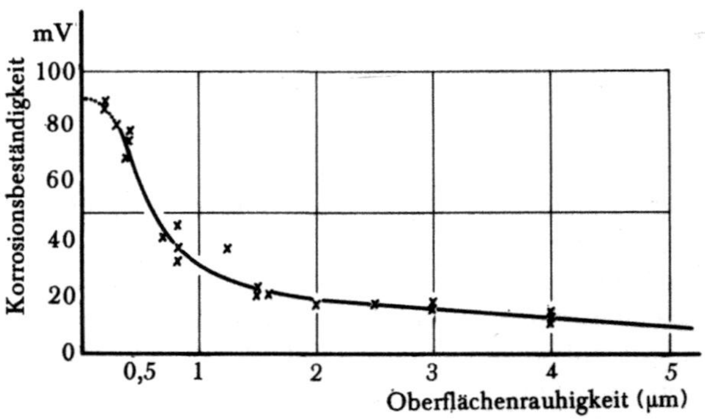

Abb. 44 Korrosionsbeständigkeit in Abhängigkeit von der Oberflächenrauhigkeit

der Praxis vielfach den Gebrauchswert der polierten Oberfläche im Hinblick auf die Korrosionsbeständigkeit für besser hält als den einer nur fein gepließteten, konnte jedoch bei der Potentialdifferenzmessung für die polierte Oberfläche kein höherer Wert als für die feinstgeschliffene Oberfläche gefunden werden.

4. Vergleich der durch das Härten, Anlassen, Warmbadhärten und Unterkühlen bedingten unterschiedlichen technologischen Eigenschaften beim Stahl X 40 Cr 13

Für einen umfassenden Vergleich der verschiedenen Wärmebehandlungsverfahren sind in den bisherigen Abschnitten die wichtigsten Einflußgrößen unabhängig von den einzelnen Verfahren aufgeführt worden. Die Auswirkung der Verfahren ist dabei zuerst auf die Härte und dann auch auf die Schneidhaltigkeit und Korrosionsbeständigkeit herausgearbeitet worden. Die Korrosionsbeständigkeit wird beeinflußt durch den Gehalt an Cr, das Cr/C-Verhältnis, die Karbidkorngröße und die Karbidverteilung, die Temperatur und Haltezeit beim Härten und Anlassen, die Abkühlgeschwindigkeit beim Abschrecken und durch die Ausbildung der Stahloberfläche.

Auf die Härte und somit auch auf die Schneidhaltigkeit haben, auf Grund der Untersuchungsergebnisse, folgende Größen einen Einfluß:

Der Gehalt des Stahles an C, Cr und Si, das Verhältnis Cr/C, die Karbidkorngröße und die Karbidverteilung, die Temperatur und die Haltezeit beim Härten und Anlassen, die Abkühlgeschwindigkeit beim Abschrecken und eine evtl. vorgenommene Unterkühlung.

Bei höheren Härtetemperaturen über 1050° C zeigen sich zunehmend Abweichungen von der für die niedrigeren Härtetemperaturen ermittelten Abhängigkeit zwischen der Härte und der Schneidhaltigkeit (Diskussion zur Abb. 37). Durch ein Unterkühlen, das den schädlichen Restaustenit noch in Martensit umwandelt, kann man erreichen, daß die Abhängigkeit (Abb. 37) auch hier ihre Gültigkeit hat. Infolge der hohen Härtetemperaturen und der demzufolge guten Karbidlösung wird außerdem ein Höchstmaß an Korrosionsbeständigkeit erzielt. Soll also sowohl eine hohe Härte und Schneidhaltigkeit als auch das Höchstmaß an Korrosionsbeständigkeit erreicht werden, so empfiehlt sich die Anwendung von Härtetemperaturen um etwa 1080° C, der sich eine Unterkühlung anschließen muß. Wird jedoch nur eine hohe Härte und Schneidhaltigkeit verlangt und auf ein Höchstmaß an Korrosionsbeständigkeit verzichtet, so bietet sich als einfachere und im allgemeinen wirtschaftlichere Lösung eine Warmbadhärtung an, die zu sehr günstigen Ergebnissen führt, wie aus Abb. 2 hervorgeht.

Die in dieser Abbildung aufgeführten Ergebnisse bei Härtungen mit unterschiedlichen Abschreckmitteln und somit unterschiedlichen Abkühlgeschwindigkeiten zeigen, daß der rostbeständige Stahl weitgehend unempfindlich gegen unterschiedliche Abkühlgeschwindigkeiten ist. Man kann also mit den üblichen Abschreckmitteln immer eine, bei mäßigen Qualitätsansprüchen ausreichende, Härtung vornehmen. Wenn man aber eine, bei allen Qualitätsmerkmalen höchsten Ansprüchen genügende Wärmebehandlung verlangt, geben die in dieser Arbeit niedergelegten Untersuchungsergebnisse die Unterlagen für die jeweils optimalen Bedingungen.

V. Zusammenfassung

Neben den Ergebnissen aus Untersuchungen über das Warmbadhärten und Unterkühlen wurden die wesentlichen Größen besprochen, die die für Schneidwaren wichtigsten technologischen Eigenschaften beeinflussen. Insbesondere konnten die verschiedenen Wärmebehandlungsverfahren in ihrer Einwirkung auf die Qualität der Schneidwaren diskutiert und miteinander verglichen werden.

Die Wärmebehandlung des rostbeständigen Stahles vom Typ X 40 Cr 13, soweit er für die Herstellung von Schneidwaren Verwendung findet, unterscheidet sich wesentlich von der des sonst für Schneidwaren verwendeten unlegierten oder schwach legierten Kohlenstoffstahles. Während beim Kohlenstoffstahl die Härte und die Schneidfähigkeit bzw. Schneidhaltigkeit die wesentlichen Qualitätsmerkmale sind, muß beim rostbeständigen Stahl zusätzlich eine gute Korrosionsbeständigkeit erreicht werden. Eine ausreichende Härte und damit auch ausreichende Schneidhaltigkeit kann bei dem rostbeständigen Chromstahl schon mit Härtetemperaturen unter 1000°C erzielt werden, allerdings ist dann die Korrosionsbeständigkeit ungenügend. Die Einhaltung guter Korrosionsbeständigkeitswerte setzt die Wahl höherer Härtetemperaturen voraus, die sich jedoch, wenn sie für die Korrosionsbeständigkeit optimal sind, für die Härte und die Schneidhaltigkeit bereits nachteilig auswirken. Der bei hoher Härtetemperatur auftretende unerwünschte Restaustenit kann durch eine Unterkühlungsbehandlung zum größten Teil umgewandelt werden. Wegen der thermischen Spannungen und der Umwandlungsspannungen, die nach dem Härten im Werkstück verbleiben, muß in jedem Falle eine Anlaßbehandlung vorgenommen werden. Härte und Korrosionsbeständigkeit werden dadurch bei Anlaßtemperaturen über ca. 150°C zwar etwas verringert, dafür aber wird die Biegeelastizitätsgrenze erheblich angehoben. Die beim Härten üblicherweise verwendeten Abschreckmittel unterscheiden sich hauptsächlich durch die mit ihnen zu erzielenden Abkühlgeschwindigkeiten, die aber beim rostbeständigen Stahl vom Typ X 40 Cr 13 nicht die Bedeutung haben wie beim unlegierten Kohlenstoffstahl. Bereits bei der geringen Abkühlgeschwindigkeit der als Abschreckmittel verwendeten Öle werden gute Härtewerte bei geringem Verzug und geringer Rißanfälligkeit erreicht. Besonders gute Härtewerte ergeben sich bei der Warmbadabschreckung, die außerdem der Ölabschreckung im Hinblick auf Verzug und Rißanfälligkeit noch überlegen ist.

VI. Literaturverzeichnis

[1] Stüdemann, H., und F. Esselborn, Untersuchungen über den Einfluß der Zusammensetzung und Gefügeausbildung auf das Härtungsverhalten des Stahles X 40 Cr 13. Forschungsberichte des Landes Nordrhein-Westfalen, Heft 1089.

[2] Stüdemann, H., H. Brundiek und R. Grube, Untersuchungen über den Einfluß der Zusammensetzung und Gefügeausbildung auf das Anlaßverhalten des Stahles X 40 Cr 13. Forschungsberichte des Landes Nordrhein-Westfalen, Heft 1579.

[3] Esselborn, F., Untersuchung über den Einfluß der Formgebung und Wärmebehandlung auf die Eigenschaften von Messerklingen aus rostbeständigem Chromstahl. Dissertation, Technische Hochschule Aachen 1962.

[4] Stüdemann, H., und F. Esselborn, Die Ergebnisse von Schneideigenschaftsprüfungen an Messern unter Berücksichtigung des Einflusses der geometrischen Form des Messers und des Einflusses der Karbidverteilung und -größe im Werkstoff. Forschungsberichte des Landes Nordrhein-Westfalen, Heft 1352, siehe auch [3].

[5] Stüdemann, H., und F. Esselborn, Untersuchungen über den Einfluß der Wärmebehandlung im Zusammenhang mit unterschiedlicher Herstellung auf die Eigenschaften von rostbeständigen Messern. Forschungsberichte des Landes Nordrhein-Westfalen, Heft 1354, siehe auch [3].

[6] Stüdemann, H., und R. Both, Untersuchungen über den Einfluß der Oberflächenverarbeitung auf das Korrosionsverhalten rostbeständiger Messerstähle. Forschungsberichte des Landes Nordrhein-Westfalen, Heft 876.

[7] Handbuch der Durferrit-Härtetechnik, 9. Auflage, Nachtrag 1958.

[8] Stüdemann, H., Wärmebehandlung der Stähle. Hanser Verlag, München 1960.

[9] Houdremont, E., Handbuch der Sonderstahlkunde, Band 1, 3. Auflage. Verlag Stahleisen, Düsseldorf 1956.

FORSCHUNGSBERICHTE DES LANDES NORDRHEIN-WESTFALEN

Herausgegeben im Auftrage des Ministerpräsidenten Heinz Kühn
von Staatssekretär Professor Dr. h. c. Dr. E. h. Leo Brandt

EISENVERARBEITENDE INDUSTRIE

HEFT 39
Prof. Dr.-Ing. habil. Gerhard Oehler, Forschungsgesellschaft Blechverarbeitung e. V., Düsseldorf
Aus den Arbeiten des Instituts für Werkzeugmaschinen an der Technischen Hochschule Hannover
Untersuchungen an prägegemusterten und vorgelochten Blechen
1953. 40 Seiten, 34 Abb. DM 9,50

HEFT 43
Forschungsgesellschaft Blechverarbeitung e. V., Düsseldorf
Forschungsergebnisse über das Beizen von Blechen
1953. 41 Seiten, 38 Abb., 3 Tabellen. Vergriffen

HEFT 51
Verein zur Förderung von Forschungs- und Entwicklungsarbeiten in der Werkzeugindustrie e. V., Remscheid
Untersuchungen an Kreissägeblättern für Holz, Fehler- und Spannungsprüfverfahren
1953. 39 Seiten, 23 Abb. DM 10,—

HEFT 56
Forschungsgesellschaft Blechverarbeitung e. V., Düsseldorf
Untersuchungen über einige Probleme der Behandlung von Blechoberflächen
1953. 41 Seiten, 42 Abb. Vergriffen

HEFT 60
Forschungsgesellschaft Blechverarbeitung e.V., Düsseldorf
Untersuchungen über das Spritzlackieren im elektrostatischen Hochspannungsfeld
1954. 82 Seiten, 53 Abb., 7 Tabellen. Vergriffen

HEFT 61
Verein zur Förderung von Forschungs- und Entwicklungsarbeiten in der Werkzeugindustrie e. V., Remscheid
Schwingungs- und Arbeitsverhalten von Kreissägeblättern für Holz I
1953. 43 Seiten, 31 Abb. DM 11,40

HEFT 65
Fachverband Schneidwarenindustrie, Solingen
Untersuchungen über das elektrolytische Polieren von Tafelmesserklingen aus rostfreiem Stahl
1954. 79 Seiten, zahlreiche Abb., 9 Tabellen. DM 17,35

HEFT 87
Gemeinschaftsausschuß Verzinken, Düsseldorf
Untersuchungen über Güte von Verzinkungen
1954. 56 Seiten, 56 Abb., 3 Tabellen. Vergriffen

HEFT 98
Fachverband Gesenkschmieden, Hagen
Die Arbeitsgenauigkeit beim Gesenkschmieden unter Hämmern
1954. 117 Seiten, 55 Abb., 9 Tabellen. DM 24,75

HEFT 116
Prof. Dr.-Ing. E. Siebel und Dr.-Ing. Helmut Weiss, Stuttgart
Untersuchungen an einigen Problemen des Tiefziehens — I. Teil
1955. 59 Seiten, 50 Abb., 6 Tabellen. DM 14,50

HEFT 117
Dr.-Ing. H. Beißwänger, Stuttgart und Dr.-Ing. S. Schwandt, Trier
Untersuchungen an einigen Problemen des Tiefziehens — II. Teil
1954. 77 Seiten, 34 Abb., 8 Tabellen. DM 17,70

HEFT 150
Prof. Dr.-Ing. Otto Kienzle und Dipl.-Ing. F. Wilhelm Timmerbeil, Hannover
Das Durchziehen enger Kragen an ebenen Fein- und Mittelblechen
1955. 39 Seiten, 20 Abb., 8 Tabellen. DM 11,30

HEFT 177
Dipl.-Ing. Hans Stüdemann, Solingen, und Dr.-Ing. W. Müchler, Essen
Entwicklung eines Verfahrens zur zahlenmäßigen Bestimmung der Schneideigenschaften von Messerklingen
1956. 92 Seiten, 68 Abb., 4 Tabellen. DM 22,20

HEFT 224

Dipl.-Ing. Hans Stüdemann und Ing. R. Beu, Forschungsinstitut für die Schneidwarenindustrie an der Fachschule für Metallgestaltung und Metalltechnik, Solingen

Verfahren zur Prüfung der Korrosionsbeständigkeit von Messerklingen aus rostfreiem Stahl

1956. 82 Seiten, 28 Abb. DM 16,90

HEFT 225

Dr.-Ing. Eginhard Barz, Remscheid

Der Spannungszustand von Gattersägeblättern

1956. 63 Seiten, 54 Abb. DM 16,50

HEFT 277

Dr.-Ing. W. Müchler, Forschungsinstitut für Metallgestaltung und Metalltechnik, Solingen

Direktor: Dipl.-Ing. Hans Stüdemann

Untersuchung und zahlenmäßige Bestimmung der Schneideigenschaften von Messern mit besonderer Berücksichtigung rostfreier Messerstähle

1956. 47 Seiten, 27 Abb., 5 Tabellen. DM 13,20

HEFT 283

Prof. Dr. phil. Franz Wever und

Dr.-Ing. Werner Lueg, Max-Planck-Institut für Eisenforschung, Düsseldorf

Warmstauchversuche zur Ermittlung der Formänderungsfestigkeit von Gesenkschmiede-Stählen

1956. 31 Seiten, 19 Abb. DM 9,90

HEFT 285

Prof. Dr.-Ing. Otto Kienzle, Dr.-Ing. Kurt Lange und Dipl.-Ing. Helmut Meinert, Institut für Werkzeugmaschinen und Umformtechnik der Technischen Hochschule Hannover

Einfluß der Oberfläche auf das Verschleißverhalten von Schmiedegesenken

1956. 50 Seiten, 29 Abb., 8 Tabellen. DM 14,60

HEFT 286

Dr.-Ing. Kurt Lange, Dipl.-Ing. Helmut Meinert, unter Mitarbeit von Dr.-Ing. Heinz Arend, Institut für Werkzeugmaschinen und Umformtechnik der Technischen Hochschule Hannover

Verschleißverhalten hartverchromter Schmiedegesenke

1956. 62 Seiten, 53 Abb., 6 Tabellen. DM 17,65

HEFT 321

Prof. Dr. phil. Franz Wever und

Dr. phil. Wolfgang Wepner, Max-Planck-Institut für Eisenforschung, Düsseldorf

Gleichzeitige Bestimmung kleiner Kohlenstoff- und Stickstoffgehalte im α-Eisen durch Dämpfungsmessung

1956. 17 Seiten, 4 Abb., 3 Tabellen. DM 6,80

HEFT 322

Prof. Dr.-Ing. Franz Bollenrath und

Dipl.-Ing. Wilhelm Domke, Aachen

Eigenspannungen in vergüteten, dickwandigen Stahlzylindern nach Oberflächenhärtung mit induktiver Erwärmung

1956. 17 Seiten, 9 Abb., 2 Tabellen. DM 6,90

HEFT 360

Dr.-Ing. Eginhard Barz, Remscheid

Fertigungsverfahren und Spannungsverlauf bei Kreissägeblättern für Holz

1957. 68 Seiten, 40 Abb. DM 17,—

HEFT 367

Dr. rer. nat. Dietrich Horstmann, Max-Planck-Institut für Eisenforschung und Gemeinschaftsausschuß Verzinken, Düsseldorf

Der Angriff eisengesättigter Zinkschmelzen auf kohlenstoff-, schwefel- und phosphorhaltiges Eisen

1957. 42 Seiten, 22 Abb., 6 Tabellen. DM 12,85

HEFT 375

Technischer Überwachungs-Verein e. V., Essen

Wanddickenmessungen mittels radioaktiver Strahlen und Zählrohrgerät

1958. 24 Seiten, 15 Abb. DM 9,55

HEFT 376

Technischer Überwachungs-Verein e. V., Essen

Wasserumlaufprobleme an Hochdruckkesseln

1958. 126 Seiten, 56 Abb., 8 Tabellen. DM 32,60

HEFT 377

Technischer Überwachungs-Verein e. V., Essen

Versuche an Wanderrostkesseln mit befeuchteter Verbrennungsluft

1958. 35 Seiten, 19 Abb., 2 Tabellen. DM 12,20

HEFT 395

Dipl.-Ing. Ludwig Hahn, Clausthal-Zellerfeld

Untersuchungen zur Frage des optimalen Bohrloch- und Patronendurchmessers

1957. 119 Seiten, 49 Abb., 19 Tabellen. DM 31,25

HEFT 445

Dr. Ing. Eginhard Barz, Remscheid

Fertigungs- und Prüfverfahren für Feilen

Vergriffen

HEFT 447

Prof. Dr.-Ing. Franz Bollenrath, Aachen

Dr.-Ing. H. Füllenbach, Seesen und

Dipl.-Ing. J. Schumacher, Neubeckum

Entwicklung rationell arbeitender Spritzkabinen

1958. 44 Seiten, 26 Abb. Vergriffen

HEFT 473

Prof. Dr. phil. Franz Wever, Dr.-Ing. Werner Lueg und Dipl.-Ing. Paul Funke jr., Max-Planck-Institut für Eisenforschung, Düsseldorf

Versuche an einer hydraulischen 25-t-Stangenziehbank

1957. 22 Seiten, 11 Abb. DM 8,95

HEFT 557
Dr.-Ing. Hans Schiffers, Dipl.-Ing. Dieter Ammann, Dipl.-Ing. Erich Brugger und Dipl.-Ing. Rudolf Dicke, Gießerei-Institut der Rhein.-Westf. Technischen Hochschule Aachen
Härtbarkeit von Gußeisen mit Lamellen- und Kugelgraphit in Abhängigkeit von Zusammensetzung und Gefüge
1958. 29 Seiten, 24 Abb., 1 Tabelle. DM 11,—

HEFT 630
Prof. Dr. phil. Walter Koch und Dr. techn. Dipl.-Ing. Hanns Malissa, Max-Planck-Institut für Eisenforschung, Düsseldorf
Beiträge zur Spurenanalyse im Reinsteisen
1958. 25 Seiten, 8 Tabellen. DM 7,60

HEFT 639
Prof. Dr.-Ing. habil. Karl Krekeler, Dr.-Ing. Heinz Peukert und Dipl.-Ing. Otto Schwarz, Institut für Kunststoffverarbeitung an der Rhein.-Westf. Technischen Hochschule Aachen
Auswertung der in- und ausländischen Literatur auf dem Gebiete des Metallklebens
1958. 152 Seiten. Vergriffen

HEFT 655
Dr. rer. pol. A. Theodor Wuppermann, Prof. Dr.-Ing. M. Pfender und Reg.-Rat Dipl.-Ing. E. Amedick, im Auftrage des Vereins Deutscher Eisenhüttenleute, Düsseldorf
Untersuchung des Einflusses von Oberflächenfehlern auf die Dauerhaltbarkeit von Kurbelwellen
1958. 48 Seiten, 101 Abb., 4 Tabellen. Vergriffen

HEFT 680
Prof. Dr. phil. Walter Koch, Dr.-Ing. Angelika Schrader, Dr.-Ing. habil. Alfred Krisch und Dipl.-Phys. Helmut Rohde, Max-Planck-Institut für Eisenforschung, Düsseldorf
Änderungen im Gefügeaufbau austenitischer Chrom-Nickel-Stähle bei Zeitstandversuchen von mehrjähriger Dauer
1959. 37 Seiten, 23 Abb., 5 Tabellen. DM 12,20

HEFT 681
Prof. Dr.-Ing. Dr.-Ing. E. h. Hermann Schenk und Dr.-Ing. Werner Wenzel, Institut für Eisenhüttenwesen der Rhein.-Westf. Technischen Hochschule Aachen
Die Reduktion von Eisenerzen im Elektro-Fließbett
1959. 76 Seiten, 20 Abb., 12 Tabellen. DM 19,60

HEFT 693
Prof. Dr.-Ing. Otto Kienzle, Dr.-Ing. Friedrich Wilhelm Timmerbeil und Dr.-Ing. Thomas Jordan, Hannover
Einige Untersuchungen über das Schneiden von Blechen
1959. 55 Seiten, 54 Abb., 3 Tabellen. DM 17,40

HEFT 702
Prof. Dr. phil. Walter Koch und Dipl.-Phys. Dr. rer. nat. Hans Lüdering, Max-Planck-Institut für Eisenforschung, Düsseldorf
Statistische Auswertung von Thomasroheisenproben guter und schlechter Verblasbarkeit
1959. 20 Seiten, 3 Abb., 3 Tabellen. DM 6,50

HEFT 703
Prof. Dr. phil. Walter Koch und Dipl.-Phys. Dr. phil. Heinz Sundermann, Max-Planck-Institut für Eisenforschung, Düsseldorf
Isolierungstechnische Untersuchungen an Thomasroheisen
1959. 28 Seiten, 16 Abb., 1 Tabelle. DM 9,—

HEFT 705
Dr.-Ing. Karl Ernst Mayer, Dr.-Ing. Helmut Knüppel, Ing. Arthur Stumpf, Dortmund-Hörder-Hüttenunion AG, Dortmund, und Prof. Dr. phil. Walter Koch, Max-Planck-Institut für Eisenforschung, Düsseldorf
Wege zur automatischen Überwachung des Thomasverfahrens
1959. 56 Seiten, 20 Abb., 7 Tabellen. DM 14,80

HEFT 714
Prof. Dr.-Ing. Wilhelm Patterson, Gießerei-Institut der Rhein.-Westf. Technischen Hochschule Aachen
Wirkung einer Gasspülung auf den Magnesiumverbrauch bei der Herstellung von Gußeisen mit Kugelgraphit
1959. 44 Seiten, 35 Abb., 14 Tabellen. DM 13,40

HEFT 728
Dr.-Ing. Klaus Spies, Dortmund
Die Zwischenformen beim Gesenkschmieden und ihre Herstellung durch Formwalzen
1959. 113 Seiten, 61 Abb., 2 Tabellen. DM 29,60

HEFT 740
Dr. rer. nat. Dietrich Horstmann, Max-Planck-Institut für Eisenforschung und Gemeinschaftsausschuß Verzinken, Düsseldorf
Einfluß einiger Eisen- und Zinkbegleiter auf Größe und Art des Zinkangriffs auf Eisen
1959. 38 Seiten, 22 Abb., 1 Tabelle. DM 12,60

HEFT 741
Dipl.-Ing. Hans Stüdemann, Dipl.-Ing. Fritz Esselborn und Ing. Hermann Hartmann, Forschungsinstitut an der Fachschule für Metallgestaltung und Metalltechnik, Solingen
Untersuchungen zur Prüfung der Korrosionsbeständigkeit rostbeständiger Besteckbleche aus Chromstahl
1959. 31 Seiten, 30 Abb., 4 Tabellen. DM 10,30

HEFT 742
Dr.-Ing. Eginhard Barz, Verein zur Förderung von Forschungs- und Entwicklungsarbeiten in der Werkzeugindustrie e. V., Remscheid
Schneideigenschaften von schneidenden Zangen und Prüfverfahren
1959. 66 Seiten, 40 Abb., 4 Tabellen. DM 18,40

HEFT 757

Dr.-Ing. Angelika Schrader und Dr.-Ing. habil. Alfred Krisch, Max-Planck-Institut für Eisenforschung, Düsseldorf

Mikroskopische Beobachtungen von Ausscheidungen in austenitischen und ferritischen Stählen nach dem Kriechversuch

1959. 21 Seiten, 22 Abb., 1 Tabelle. DM 8,60

HEFT 780

Prof. Dr. phil. Franz Wever, Dr.-Ing. Werner Lueg und Dr.-Ing. Paul Funke, Max-Planck-Institut für Eisenforschung, Düsseldorf

Untersuchung von Walzölen und Walzölemulsionen im Kaltwalzversuch

1959. 68 Seiten, 28 Abb., mehr. Tabellen. DM 18,50

HEFT 781

Verein zur Förderung von Forschungs- und Entwicklungsarbeiten in der Werkzeugindustrie e. V., Remscheid

Verformungseinflüsse bei der Feilenherstellung

1959. 65 Seiten, 39 Abb. DM 20,—

HEFT 840

Prof. Dr. phil. Franz Wever, Dr.-Ing. Hans-Günter Müller und Dr.-Ing. Paul Funke, Max-Planck-Institut für Eisenforschung, Düsseldorf

Versuchsmäßige und rechnerische Bestimmung von Walzkraft und Drehmoment unter Einwirkung von Bandzugspannungen beim Kaltwalzen von Bandstahl

1960. 36 Seiten, 12 Abb., 3 Tafeln. DM 10,90

HEFT 841

Dr. rer. nat. Hubert Blanck, Max-Planck-Institut für Eisenforschung, Düsseldorf

Untersuchungen zur Kinetik des Martensitzerfalls

1960. 33 Seiten, 11 Abb. DM 10,30

HEFT 848

Dipl.-Ing. Hans-Jochen Stöter, Institut für Werkzeugmaschinen und Umformtechnik der Technischen Hochschule Hannover

Untersuchung des Schmiedevorganges in Hammer und Presse, insbesondere hinsichtlich des Steigens

1960. 133 Seiten, 62 Abb., 8 Tabellen. DM 35,60

HEFT 889

Dr.-Ing. Werner Hufschmidt, Lehrstuhl für Heizung und Lüftung an der Rhein.-Westf. Technischen Hochschule Aachen

Die Eigenschaften von Rippenrohrluftkühlern im Arbeitsbereich der Klimaanlage

1960. 125 Seiten, 37 Abb. DM 33,30

HEFT 890

Dr.-Ing. Heinz Meyer, Institut für Werkzeugmaschinen und Umformtechnik, Technische Hochschule Hannover

Untersuchungen über den Umformvorgang in Waagerecht-Stauchmaschinen

1960. 75 Seiten, 61 Abb., 3 Tabellen. DM 21,90

HEFT 916

Dipl.-Ing. Hans-Joachim Crasemann, Forschungsstelle Blechbearbeitung am Institut für Werkzeugmaschinen und Umformtechnik der Technischen Hochschule Hannover
Direktor: Prof. Dr.-Ing. Dr.-Ing. E. h. Otto Kienzle

Der offene, kreuzende Scherschnitt an Blechen

1960. 138 Seiten, 66 Abb., 10 Tabellen. DM 40,70

HEFT 1000

Dipl.-Ing. Hartmut Tolkien, Institut für Werkzeugmaschinen und Umformtechnik der Technischen Hochschule Hannover
Direktor: Prof. Dr.-Ing. Dr.-Ing. E. h. Otto Kienzle

Schmierwirkungen in Schmiedegesenken

1961. 150 Seiten, 75 Abb., 2 Tabellen, 1 Anhang. DM 44,90

HEFT 1004

Dr.-Ing. Eginhard Barz, Verein zur Förderung von Forschungs- und Entwicklungsarbeiten in der Werkzeugindustrie e. V., Remscheid

Untersuchung von Schraubendrehern und Schraubenverbindungen

1961. 68 Seiten, 26 Abb., 12 Tabellen. DM 22,30

HEFT 1027

Dr.-Ing. Eginhard Barz, Verein zur Förderung von Forschungs- und Entwicklungsarbeiten in der Werkzeugindustrie e. V., Remscheid

Prüfung von Feilen

1961. 57 Seiten, 23 Abb., 7 Tabellen. DM 20,50

HEFT 1028

Dr.-Ing. Siegfried Stendorf, Verein zur Förderung von Forschungs- und Entwicklungsarbeiten in der Werkzeugindustrie e. V., Remscheid

Das Gleitstauchen von Schneidezähnen an Sägen für Holz

1961. 138 Seiten, 85 Abb., 9 Tabellen. DM 47,10

HEFT 1056

Dr.-Ing. Oskar Pawelski und Dr.-Ing. Werner Lueg †, Max-Planck-Institut für Eisenforschung, Düsseldorf

Der Spannungszustand beim Ziehen und Einstoßen von runden Stangen

1962. 106 Seiten, 35 Abb., 10 Tabellen. DM 33,60

HEFT 1089

Direktor Dipl.-Ing. Hans Stüdemann und Dr.-Ing. Fritz Esselborn, Forschungsinstitut an der Fachschule für Metallgestaltung und Metalltechnik, Solingen

Untersuchungen über den Einfluß der Zusammensetzung und Gefügeausbildung auf das Härtungsverhalten des Stahles X 40 Cr 13

1962. 37 Seiten, 37 Abb., 8 Tabellen. DM 17,—

HEFT 1091

Dipl.-Ing. Kurt Buchmann, Forschungsgesellschaft Blechverarbeitung e. V., Düsseldorf

Beitrag zur Verschleißbeurteilung beim Schneiden von Stahlfeinblechen

1962. 126 Seiten, 77 Abb. DM 71,40

HEFT 1129
Prof. Dr.-Ing. Joseph Mathieu, Forschungsinstitut für Rationalisierung an der Rhein.-Westf. Technischen Hochschule, Aachen, im Auftrage des Fachverbandes Gesenkschmieden im Wirtschaftsverband Stahlverformung, Hagen
Richtwerte für eine Platzkostenrechnung in der Gesenkschmiedeindustrie
1963. 54 Seiten, 7 Tabellen, 52 Seiten tabellarischer Anhang. DM 63,30

HEFT 1140
Direktor Dipl.-Ing. Hans Stüdemann und Dipl.-Ing. Fritz Esselborn, Forschungsinstitut an der Fachschule für Metallgestaltung und Metalltechnik, Solingen
Einflüsse der Prüfbedingungen auf die Ergebnisse von Schneideigenschaftsprüfungen an Messern
1962. 33 Seiten, 24 Abb. DM 14,80

HEFT 1162
Prof. Dr.-Ing. Dr.-Ing. E. h. Otto Kienzle und Dipl.-Ing. Manfred Meyer, im Auftrage der Forschungsgesellschaft Blechverarbeitung e. V., Düsseldorf
Verfahren zur Erzielung glatter Schnittflächen beim vollkantigen Schneiden von Blech
1963. 114 Seiten, 71 Abb., 6 Tabellen. DM 60,40

HEFT 1164
Dr.-Ing. Eginhard Barz u. a., Verein zur Förderung von Forschungs- und Entwicklungsarbeiten in der Werkzeugindustrie e. V., Remscheid
Teil I: Arbeitsverhalten von scheibenförmigen Werkzeugen
Teil II: Schnittversuche von verleimten Holzwerkzeugen
1963. 90 Seiten, 16 Abb., 6 Tabellen. DM 44,80

HEFT 1171
Prof. Dr.-Ing., Dr.-Ing E. h. Otto Kienzle und Dipl.-Ing. Kurt Haverbeck, Hannover, im Auftrage der Forschungsgesellschaft Blechverarbeitung e. V., Düsseldorf
Das Herstellen von Außenborden an Blechteilen zwischen Stempel und Ring
1963. 96 Seiten, 58 Abb. DM 54,50

HEFT 1347
Dr. rer. nat. Dietrich Horstmann, Max-Planck-Institut für Eisenforschung und Gemeinschaftsausschuß Verzinken, Düsseldorf
Allgemeine Gesetzmäßigkeiten des Einflusses von Eisenbegleitern auf die Vorgänge beim Feuerverzinken
1964. 27 Seiten, 17 Abb. 2 Tabellen. DM 16,50

HEFT 1348
Prof. Dr.-Ing. Dr. h. c. Herwart Opitz, Dr.-Ing. Wilfried König und Dipl.-Ing. Wolf-Dieter Neumann, Laboratorium für Werkzeugmaschinen und Betriebslehre der Rhein.-Westf. Technischen Hochschule Aachen
Einfluß verschiedener Schmelzen auf die Zerspanbarkeit von Gesenkschmiedestücken
1964. 99 Seiten, 64 Abb., 12 Tabellen. DM 59,—

HEFT 1349
Dr.-Ing. Tin Ming Wu, Forschungsstelle Gesenkschmieden an der Technischen Hochschule Hannover
Untersuchungen über das Auftragsschweißen von Gesenken für Schmiedestücke aus Stahl
1964. 46 Seiten, 16 Abb., 14 Tabellen. DM 22,80

HEFT 1350
Prof. Dr. phil. Karl Löhberg, Dipl.-Ing. Klaus Röhrig und Dr.-Ing. Peter Sahm, Institut für Gießereikunde der Technischen Universität Berlin
Über die Keimbildung in unlegiertem Kupfer und unlegiertem Eisen
1964. 77 Seiten, 22 Abb., 6 Tabellen. DM 36,—

HEFT 1352
Direktor Dipl.-Ing. Hans Stüdemann und Dr.-Ing. Fritz Esselborn, Forschungsinstitut an der Fachschule für Metallgestaltung und Metalltechnik, Solingen
Die Ergebnisse von Schneideigenschaftsprüfungen an Messern unter Berücksichtigung des Einflusses der geometrischen Form des Messers und des Einflusses der Karbidverteilung und -größe im Werkstoff
1964. 39 Seiten, 48 Abb., 2 Tabellen. DM 21,—

HEFT 1353
Direktor Dipl.-Ing. Hans Stüdemann und Dr.-Ing. Fritz Esselborn, Forschungsinstitut an der Fachschule für Metallgestaltung und Metalltechnik, Solingen
Untersuchungen über den Einfluß unterschiedlicher Herstellungsverfahren auf die Qualität rostbeständiger Messer
1964. 48 Seiten, 53 Abb. DM 22,50

HEFT 1354
Direktor Dipl.-Ing. Hans Stüdemann und Dr.-Ing. Fritz Esselborn, Forschungsinstitut an der Fachschule für Metallgestaltung und Metalltechnik, Solingen
Untersuchungen über den Einfluß der Wärmebehandlung in Zusammenhang mit unterschiedlicher Herstellung auf die Eigenschaften von rostbeständigen Messern
1964. 33 Seiten, 42 Abb. DM 18,—

HEFT 1355
Dr.-Ing. habil. Alfred Krisch, Max-Planck-Institut für Eisenforschung, Düsseldorf
Kriechverhalten, Gefügeänderungen und Risse bei mehrjährigen Zeitstandversuchen
1964. 27 Seiten, 17 Abb., 6 Tabellen. DM 14,80

HEFT 1381
Dr.-Ing. Heinz Meyer-Nolkemper, Forschungsstelle Gesenkschmieden an der Technischen Hochschule Hannover
Im Auftrage des Verbandes Gesenkschmieden im Wirtschaftsverband Stahlverformung, Hagen
Dornen in Waagerecht-Stauchmaschinen
1964. 45 Seiten, 30 Abb., 2 Tabellen. DM 26,50

HEFT 1395
Prof. Dr. rer. techn. Fritz Reutter, Institut für Geometrie und Praktische Mathematik der Rhein.-Westf. Technischen Hochschule Aachen, Dr. rer. nat. Dieter Haupt, Rechenzentrum der Rhein.-Westf. Technischen Hochschule Aachen
Untersuchungen auf dem Gebiet der praktischen Mathematik
1964. 85 Seiten, 6 Abb., 10 Tabellen. DM 53,50

HEFT 1413
Dr. rer. nat. Dietrich Horstmann und Dipl.-Ing. Ulrich Krause, Max-Planck-Institut für Eisenforschung und Gemeinschaftsausschuß Verzinken, Düsseldorf
Einfluß von Oberflächenrauheit und Glühbehandlung auf die Güte verzinkter Bleche
1964. 22 Seiten, 9 Abb., 1 Tabelle. DM 14,—

HEFT 1421
Dr.-Ing. Hermann Füllenbach, Harry Lange, Harry Parthey und Iwan N. Stranski, Forschungsgesellschaft Blechverarbeitung e. V., Düsseldorf
Metallurgische und technologische Untersuchungen an Weichloten
1965. 69 Seiten, 53 Abb., 5 Tabellen. DM 33,—

HEFT 1462
Prof. Dr.-Ing. Dr.-Ing. E.h. Otto Kienzle und Dr.-Ing. Helmut Zabel, Forschungsstelle Gesenkschmieden an der Technischen Hochschule Hannover im Auftrage des Verbandes Deutscher Gesenkschmieden in Hagen
Zerteilen metallischer Stangen durch Abscheren
1965. 169 Seiten, 76 Abb., 4 Tabellen. DM 79,50

HEFT 1486
Dr. rer. nat. Dietrich Horstmann, Max-Planck-Institut für Eisenforschung, Düsseldorf, im Auftrage des Gemeinschaftsausschuß Verzinken, Düsseldorf
Der Einfluß des Blechwerkstoffes und der Verzinkungsbedingungen auf die Eigenschaften verzinkter Bleche und Bänder
1965. 33 Seiten, 14 Abb., 1 Tabelle. DM 18,80

HEFT 1504
Direktor Dipl.-Ing. Hans Stüdemann, Dipl.-Ing. Rolf Both und Ingenieur Ernst Lauterjung, Forschungsinstitut für Schneidwaren, Solingen
Entwicklung eines Prüfgerätes zur Messung des Schneidverhaltens feiner Messerschneiden, unter besonderer Berücksichtigung der Rasierklingen
1965. 43 Seiten, 48 Abb., 2 Tabellen. DM 25,80

HEFT 1534
Prof. Dr. phil. Adolf Rose, Max-Planck-Institut für Eisenforschung, Düsseldorf
Schweißbarkeit und Umwandlungsverhalten der Stähle
1965. 57 Seiten, 20 Abb., 5 Tabellen. DM 39,—

HEFT 1564
Prof. Dr.-Ing. Alfred H. Henning†, Prof. Dr.-Ing. habil. Karl Krekeler und Dipl.-Ing. Friedrich Mittrop, Institut für Kunststoffverarbeitung in Industrie und Handwerk der Rhein.-Westf. Technischen Hochschule Aachen, in Zusammenarbeit mit der Forschungsgesellschaft Blechverarbeitung e. V., Düsseldorf
Untersuchungen über die Kombination Metallkleben–Punktschweißen
1965. 31 Seiten, 20 Abb., 3 Tabellen. DM 19,80

HEFT 1577
Prof. Dr.-Ing. habil. Gerhard Oehler, Forschungsgesellschaft Blechverarbeitung e. V., Düsseldorf
Vergleich und Abgrenzung der Einsatzmöglichkeit der Abkantpressen, der Abkantmaschinen und der Profilwalzmaschinen für Biege-Profil-Formungen
1966. 103 Seiten, 46 Abb., 4 Tafeln, 12 Tabellen. DM 60,90

HEFT 1579
Direktor Dipl.-Ing. Hans Stüdemann, Dipl.-Ing. Hans Brundiek und Rudolf Grube, Forschungsinstitut für Schneidwaren, Solingen
Untersuchungen über den Einfluß der Zusammensetzung und Gefügeausbildungen auf das Anlaßverhalten des Stahles X 40 Cr 13
1965. 43 Seiten, 39 Abb., 1 Tabelle. DM 27,60

HEFT 1581
Prof. Dr.-Ing. habil. A. Matting und Dipl.-Ing. G. Wilkens, Hannover, in Zusammenarbeit mit der Forschungsgesellschaft Blechverarbeitung e. V., Düsseldorf
Rollennahtschweißen von Feinblechen verschiedener Beschaffenheit unter 0,5 mm mit besonderer Berücksichtigung verzinnter Bleche
1966. 39 Seiten, 28 Abb. DM 23,80

HEFT 1598
Dr.-Ing. Hans Groebler, Dr. Julius Seeger und Dr. Carl Boller, Forschungsgesellschaft Blechverarbeitung e. V., Düsseldorf
Verschleißmessungen an Überzügen auf Metalloberflächen
1966. 59 Seiten, 31 Abb., 24 Tabellen. DM 37,—

HEFT 1599
Prof. Dr.-Ing. habil. Alexander Matting, Dr.-Ing. Klaus Ulmer und Ing. Gerhard Hennig, Institut A für Werkstoffkunde der Technischen Hochschule Hannover, in Zusammenarbeit mit der Forschungsgesellschaft Blechverarbeitung e. V., Düsseldorf
Metallkleben
1966. 76 Seiten, 87 Abb., 1 Tabelle. DM 55,70

HEFT 1600

Prof. Dr.-Ing. habil. Adolf Dietzel, Würzburg, in Zusammenarbeit mit der Forschungsgesellschaft Blechverarbeitung e. V., Düsseldorf

Einfluß des Wasserdampfgehaltes der Ofenatmosphäre auf den Stahlblech-Emaillierprozeß

1966. 22 Seiten, 15 Abb. DM 14,80

HEFT 1601

Prof. Dr.-Ing. Dr. h.c. Herwart Opitz, Dr.-Ing. Wilfried König und Dipl.-Ing. Wolf-Dieter Neumann, Laboratorium für Werkzeugmaschinen und Betriebslehre der Rhein.-Westf. Technischen Hochschule Aachen

Streuwertuntersuchungen der Zerspanbarkeit von Werkstücken aus verschiedenen Schmelzen des Stahles C 45

1966. 50 Seiten, 25 Abb., 4 Tabellen. DM 33,50

HEFT 1607

Dr.-Ing. Eginhard Barz und Ing. Karl Oberwinter, Institut für Werkzeugforschung, Remscheid im Auftrage des Vereins zur Förderung von Forschungs- und Entwicklungsarbeiten in der Werkzeugindustrie e. V., Remscheid

Zusammenwirken von Schraubenbetätigungswerkzeugen und Schrauben

Teil I

Untersuchung des zulässigen Größtspiels beim Anziehen von Sechskantschrauben mit Schraubenschlüsseln

TEIL II

Untersuchung der Anpassung von Schraubendrehern an Schlitzschrauben

1966. 81 Seiten, 45 Abb., 6 Tabellen. DM 50,20

HEFT 1613

Prof. Dr.-Ing. habil. Gerhard Oehler, Deutsche Forschungsgesellschaft für Blechverarbeitung und Oberflächenbehandlung e. V., Düsseldorf

Vergleich zwischen kalt und warm umgeformten Böden

1966. 99 Seiten, 84 Abb., 14 Tabellen. DM 57,80

HEFT 1614

Prof. Dr.-Ing. habil. Gerhard Oehler, Forschungsgesellschaft Blechverarbeitung e. V., Düsseldorf

Kräfte- und Leistungsermittlung an Rundbiegemaschinen

1966. 60 Seiten, 26 Abb., 3 Tafeln. DM 45,80

HEFT 1625

Dipl.-Ing. Johannes Hoischen, Verein zur Förderung von Forschungs- und Entwicklungsarbeiten in der Werkzeugindustrie e. V., Remscheid

Belastbarkeit und Abformgenauigkeit der Stempel beim Kalteinsenken

1966. 128 Seiten, 109 Abb. DM 85,80

HEFT 1631

Dipl.-Ing. Heinz Peters, im Auftrage des Vereins zur Förderung von Forschungs- und Entwicklungsarbeiten in der Werkzeugindustrie e. V., Remscheid

Untersuchung von Kettenwerkzeugen auf die günstigste Gestaltung und Anordnung der Schneiden und Glieder

Teil I:

Entwicklung und Bau eines Versuchsstandes für die Untersuchung von Sägeketten

In Vorbereitung

HEFT 1632

Dr.-Ing. Eginhard Barz und Dipl.-Ing. Ulrich Niemann, Institut für Werkzeugforschung, Remscheid, im Auftrage des Vereins zur Förderung von Forschungs- und Entwicklungsarbeiten in der Werkzeugindustrie e. V., Remscheid

Untersuchungen an schneidenden Zangen

Teil I

Untersuchung der unterschiedlichen Schneidenabnutzung bei schneidenden Zangen insbesondere bei Vornschneidern

Teil II

Prüfverfahren für Zangen mit mehrfacher Übersetzung insbesondere für Bolzenschneider

1966. 89 Seiten, 63 Abb., 6 Tabellen. DM 52,10

HEFT 1696

o. Prof. em. Dr.-Ing. Dr.-Ing. E. h. Otto Kienzle und Dr.-Ing. Harry Neumann, Institut für Werkzeugmaschinen und Umformtechnik der Technischen Hochschule Hannover

Methoden zur Bestimmung des elastischen Verhaltens von Pressen beliebiger Breite

HEFT 1697

Dipl.-Ing. Herbert Littnanski, Deutsche Forschungsgesellschaft für Blechverarbeitung und Oberflächenbehandlung e. V., Düsseldorf

Hartlöten mit Silberloten

1966. 102 Seiten, zahlr. Abb., 8 Tabellen. DM 62,40

HEFT 1698

Prof. Dr.-Ing. habil. Gerhard Oehler, Deutsche Forschungsgesellschaft für Blechverarbeitung und Oberflächenbehandlung e. V., Düsseldorf

Untersuchungen über das V-Biegen von Blechen

1966. 53 Seiten, 24 Abb., 11 Tabellen. DM 31,20

HEFT 1737

Prof. Dr.-Ing. habil. Gerhard Oehler, Düsseldorf, Deutsche Forschungsgesellschaft für Blechverarbeitung und Oberflächenbehandlung e. V., Düsseldorf

Die Grenzen der Umformung dünner Bleche mittels elastischer Druckmittel

1966. 70 Seiten, 44 Abb., 2 Tabellen. DM 38,70

WESTDEUTSCHER VERLAG · KÖLN UND OPLADEN

567 Opladen/Rhld., Ophovener Straße 1–3

GPSR Compliance

The European Union's (EU) General Product Safety Regulation (GPSR) is a set of rules that requires consumer products to be safe and our obligations to ensure this.

If you have any concerns about our products, you can contact us on ProductSafety@springernature.com

In case Publisher is established outside the EU, the EU authorized representative is:

Springer Nature Customer Service Center GmbH
Europaplatz 3
69115 Heidelberg, Germany

Batch number: 10584556

Printed by Printforce, the Netherlands